JN198972

# ジュエルオーキッド

## 部屋で楽しむ森の宝石

道草 michikusa 石河英作

家の光協会

# はじめに

まるでラメを振りかけたようにキラキラと輝くジュエルオーキッドの葉を、初めて見たときの驚きは今でも忘れられません。それが自然の産物であり、原種であることにさらに感動しました。これが十数年前、私が蘭種苗会社で働いていた頃、花市場でみたマコデス ペトラとの出会いです。

近年、テラリウムやパルダリウムの人気とともに、ジュエルオーキッドへの注目が高まっています。コケがテラリウムの入口だとすれば、ジュエルオーキッドはその中で鑑賞する至高の植物といえるでしょう。その輝きは宝石蘭の名にふさわしく、種類ごとに異なる色合いや模様がコレクター心をくすぐります。

また、過酷な気候変動により屋外での園芸が難しくなる中、手軽に始められるインドアグリーンが人気を集めています。「ランは育てるのが難しそう」と感じていませんか？　温室がないとランは育てられないと思うかもしれませんが、テラリウムは小さな温室のようなものです。温暖で湿度が高い、ランが好む環境を簡単に作れるため、初心者でも育てやすいのです。この本を通して、「ラン＝難しい」というイメージを払拭したいと思っています。

本書では、ジュエルオーキッドの基本的な育て方から、他の植物と組み合わせて原生地のような景観を作る高度なテクニックまで、詳しく解説しています。また、生産者や育種家、愛好家へのインタビューも掲載しているので、これからジュエルオーキッドを育て始める方にとって大いに参考になるでしょう。

この本が、森の宝石とも呼ばれるジュエルオーキッドを育てるきっかけとなれば幸いです。

道草 michikusa　石河英作

ジュエルオーキッドの代表種、マコデス ペトラの輝く葉脈（写真上）とマコデス ペトラとアネクトキルス ロビアーナス（写真下）

# Contents



## Jewel Orchids とは



## Chapter 1 Jewel Orchids Basics ジュエルオーキッドの基本と育て方

## Chapter 2

# テラリウムで楽しむ ジュエルオーキッド



## Chapter 3

Jewel Orchids Guide

# ジュエルオーキッド図鑑



○本書で紹介しているジュエルオーキッドの名称は和名です。一般的に通用しているものとは異なる場合があります。 ○水やりなどの頻度は目安です。育成の環境によって調整してください。 ○Chapter3では、ジュエルオーキッドのそれぞれの種類の育てやすさ、購入のしやすさを★マークで紹介していますが、季節や地域、環境によって異なる場合があります。 ○国立・国定公園内の特別保護地区では、動植物の採取は禁止されています。また、他者の所有地から無断で植物を採取したり、自然に生えている植物を根こそぎ採取するようなことは絶対にやめましょう。

# ジュエルオーキッドとはどんな植物？

光り輝く模様や精緻な葉脈のデザインが魅力の
ジュエルオーキッド。その正体は……？

## 美しい葉をもつランの総称

ジュエルオーキッドは鑑賞性のある模様や光沢がある葉をもつ地生ランの総称です。Macodes 属、Anoectochilus 属、Goodyera 属、Ludisia 属、Dossinia 属 など複数の属にまたがっており、特定の属がジュエルオーキッドであるという定義はありません。また、最近では日本産のミヤマウズラなど斑の入った葉を楽しめるものも、ジュエルオーキッドの仲間として位置づけられています。
キラキラとした光沢のあるものは「宝石蘭」、ミヤマウズラの斑入り種は「錦蘭」の名前でも流通しています。
本書では、そのような葉の美しいランをジュエルオーキッドとして紹介します。

## 湿度を好み、低温はやや苦手

流通している品種の多くは、東南アジアの熱帯雨林が原産であるため、多湿な環境を好むジメジメ系植物としても知られています（中南米原産の種類もある）。赤道に近い地域が原産の種類は低温に弱く、15°C以上の温度が必要となります。シュスランやミヤマウズラなど日本に自生している種もあり、こちらは低温に比較的耐性があります。

ジュエルオーキッドのからだ

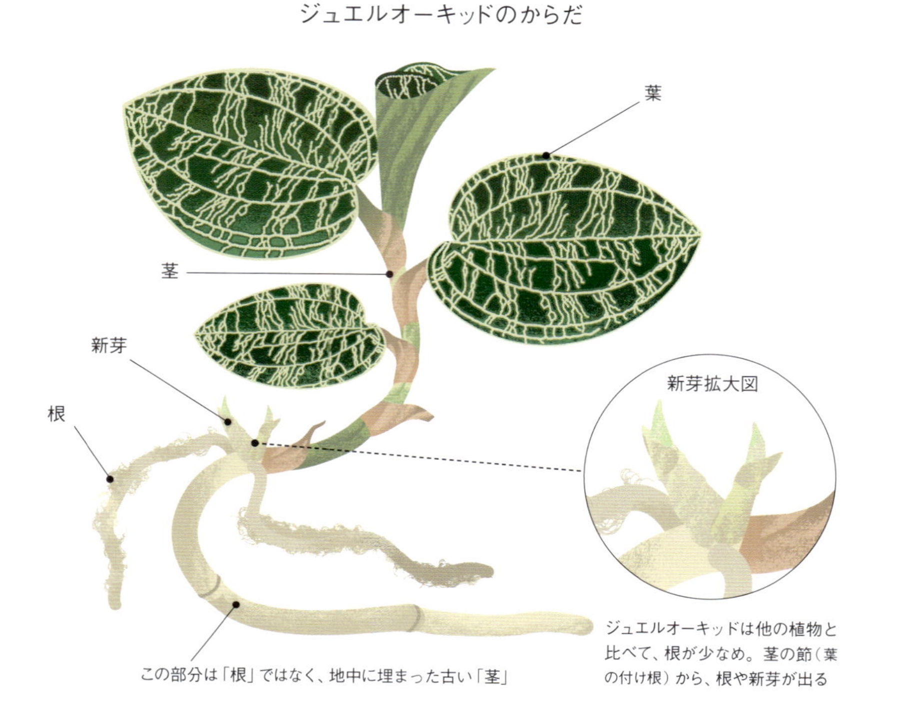


花芽がつくと

蕾

花茎

株が充実すると花芽がつくことも（P.10）。株の中心から花芽が伸び、花が咲く

# ジュエルオーキッドのタイプ

## 基本種

基本種：マコデス ペトラ

本書では原種のジュエルオーキッドを基本種として区分けする。原種といっても、野生種を増殖したものもあれば、同じ原種同士を交配して再選抜したものもある。同じ種であっても色や模様にバリエーションがあり、気に入った一株を探すのも楽しみのひとつ。

## ハイブリッド種

ハイブリッド種：*Anoectomaria 2022 Type [GK22-003]*
*(Anct. roxburghii Variegata × Lus. discolor Thick Vein Type [GK20-014])*

種間交配（異なる種同士の交配）、属間交配（異なる属同士の交配）によって生み出された新しいジュエルオーキッドの種類。ランの種子はフラスコ内で無菌播種する必要があるため、交配で新しい品種を作りだすのは難易度が非常に高い。ハイブリッド種は人の手で交配、選別しているため、育種家の好みによって個性的な品種が生まれやすく、原種にはない洗練された形や模様が特徴となる。

前述のとおり、ジュエルオーキッドという種は存在しませんが、様々な原種、品種があり、
大きく分けて４つのタイプに分けられます。タイプや品種によって育て方の基準が異なるため、
図鑑ページ（P.61～）を参考にしてください。

## 日本産

日本産：ミヤマウズラ

ミヤマウズラ、シュスラン、ベニシュスランなど、日本原産の種類。一部の種類を除き、沖縄や東京の島しょ部など南の島に多くの種類が自生している。光沢があるものは少ないが、同じ種の中でも模様の変化を楽しむことができるのが特徴。日本の環境に適応しているため比較的低温に強く、育てやすいものが多い。ミヤマウズラなど露地栽培が可能なものもある。

## 斑入り

斑入り：斑入りカゴメラン

本来の葉の模様とは異なる、白い斑が入った種類。斑の入り方はさまざまで、基本的に交配では遺伝しないため、特別なものは一点ものとして珍重される。中でも日本産のミヤマウズラの斑入り種は「錦蘭」の名前でも知られ、江戸時代より親しまれている。斑入り種は栽培が難しいものが多く、特に斑の部分が多いものほど難易度が高い。通常の品種よりも、光を弱めにして育てるとよい。

# ジュエルオーキッドの秘密

なぜ個性的な葉をもつのかなど、
ミステリアスさも魅力のジュエルオーキッド。その秘密を紹介します。

## 葉が光るのはなぜ？

ジュエルオーキッドのキラキラとした輝きは葉自体が発光しているのではなく、レンズのような構造をもつ細胞があるため、光が当たると反射して光って見えるのです。ライトを動かしながら当ててみると、光を反射している様子がよくわかります。
光の少ない林床で効率的に光を集めるための構造であるという説や、食害から身を守るために擬態しているという説など、諸説ありはっきりとわかっていません。また、ジュエルオーキッドの仲間の中には、輝く構造を持っていない種類もあります。

マコデス ペトラ

アネクトキルス ロクスバギー

ミヤマウズラの自生地（山梨県富士河口湖町）

## どうして
## ジメジメが好き？

ジュエルオーキッドの自生地の多くは、東南アジアや中南米の熱帯雨林の森林床にあり、毎朝、霧が立ち込めてコケが生えるような場所にあります。そのため、柔らかな光が射し込み、空気中の湿度が高い環境を好みます。日本産の自生地でも湿った風が流れるような林床に生育しています。
ジメジメ系と分類していますが、水辺に生えているわけではなく、根が水に浸かった状態は好まないので注意しましょう。

## 花は咲かない？

株の中心から花茎が伸び、小さな花を咲かせます。花自体は小さく地味ですが、形が個性的な種類もあります。開花時期は東南アジア原産の種類は不定期なものが多く、株が充実すると花芽をつけます。ミヤマウズラ、ハチジョウシュスランなど温帯性の種類は9～10月頃に花を咲かせます。
花芽をつけると、花が咲き終わるまでの間は成長が止まります。花をつけた株はそこで成長が終わり、脇芽が出て代替わりしていきます。花の後は株がふえるタイミングのひとつともいえます（P.31参照）。

マコデス ペトラの花

アネクトキルス フォルモサヌスの花

# ジュエルオーキッド・栽培の歴史

近年注目されているジュエルオーキッドですが、
その栽培の歴史を紐解いてみると、
思いのほか長く栽培されてきたことがわかります。

## 日本では

江戸時代後期の天保九（1838）年頃に錦蘭（ミヤマウズラ）・天鵞絨蘭（シュスラン）の奇品（主に斑入り種）が江戸・京・大坂で流行しました。天保十年に『錦蘭品さだめ』と題した冊子が発行され、各地で錦蘭の番付や展示会が開催されていたことがわかります。模様の変化が多く栽培しやすいことから、現在でも山野草の一ジャンルとして、錦蘭が親しまれています。

『鴎蘭譜』〈天鵞絨蘭譜を付す〉（国立国会図書館蔵書）

L'Illustration horticole Revue Mensuelle des Plantes les plus remarquables…By Jean Jules Linden. Published by imprimerie Vaderhaeghen,Gand,1887-91 Chromolithograph.（多色刷石版画）

## 世界では

日本で錦蘭が流行したように、19世紀半ばにはオランダやイギリスでも、ジュエルオーキッドをガラス容器で鑑賞することが人気を集めていました。1829年頃、イギリスでテラリウムの原型である「ウォードの箱」が発明され、この箱の普及により、東南アジアや南米の珍しい植物を育てることが可能になったといわれています。
日本では錦蘭の鑑賞が武士から庶民にまで広がっていた一方で、ヨーロッパでは主に上流階級の人々がジュエルオーキッドを楽しんでいたようです。

# 守ろう！ジュエルオーキッド

**自然が生み出した奇跡ともいえる、ジュエルオーキッドの美しい輝き。
育てて楽しむためには正規の販売店から購入することが大切です。
野山に生える野生種の採集は避けましょう。**

日本ではキバナシュスラン（アネクトキルス フォルモサヌス）とナンバンカゴメラン（マコデス ペトラ）の2種類がレッドデータ絶滅危惧IA類に指定されており、野生個体の採取販売は規制されています。また増殖個体の販売においても、環境省への「特定国内種事業者」の届け出が必要となっているため、無許可で販売・譲渡すると違法になります。株分けでふやしたものを、無償で他人に譲り渡すことも認められていません。「特定国内種事業者」の届け出がされている正規の販売店から購入しましょう。

また海外に目を向けると、ジュエルオーキッドを含む、全てのラン科植物はワシントン条約の対象のため、輸入には正規の手続きが必要です。違法に持ち込まれた山採り株がネットオークションで取引されていることもあるので、注意しましょう。

これまでも珍しい、価値が高いということで、乱獲に遭い多くの植物が姿を消していきました。ジュエルオーキッドの輝きは自然が生み出した奇跡と呼ぶべきもので、やはり乱獲の対象になっています。幸いジュエルオーキッドは組織培養しやすい植物で、人工的にふやすことができます。下の写真のような野山に生える野生種を大切にしながら、人工増殖されたジュエルオーキッドを楽しんでいきたいですね。

**特定国内種事業者**

（特定第一種国内希少野生動植物種の譲渡し又は引渡しの業務を伴う事業を行う者）

| 事業者番号 | 13-0038 |
|---|---|
| 氏名又は名称 | 合同会社　道草 |
| 住所 | 東京都大田区東六郷 2-19-2 エンゼルハイム東六郷第二 112 号室 |
| 代表者（法人の場合） | 石河　英作 |

「絶滅のおそれのある野生動植物の種の保存に関する法律」（平成4年法律第75号）第30条第1項に基づき、環境大臣及び農林水産大臣に届出を行っており、以下の特定第一種国内希少野生動植物種の譲渡し又は引渡しの業務を伴う事業を行うことができます。

譲渡し又は引渡しの業務の対象とする特定第一種国内希少野生動植物種

| | | | |
|---|---|---|---|
| キバナシュスラン | | | |
| ナンバンカモメラン | | | |
| | | | |
| | | | |
| | | | |
| | | | |

「特定国内種事業者」届けが掲示されている販売店から購入しよう

カゴメラン（八丈島）
*Goodyera hachijoensis* var. *matsumurana*
花期は9～10月。網目状の模様が一面に入ることから籠目蘭（カゴメラン）の名前が付けられた。ハチジョウシュスランとともに乱獲により自然での個体数が減少している

ハチジョウシュスラン（八丈島）
*Goodyera hachijoensis* var. *hachijoensis*
花期は9～10月。木漏れ日程度の光が入る林床に生え、葉の中央に白いぼかし状の模様が入る。個体変異が大きく網目状の模様が入るものや、模様がほとんど入らないものもある

CHAPTER 1

# ジュエルオーキッドの基本と育て方

ジュエルオーキッドをテラリウムで育てる第一歩。
基本の育て方を解説します。

# マコデス ペトラを テラリウムで育てる

もっともポピュラーなジュエルオーキッドの種類、
マコデス ペトラをテラリウムで育ててみましょう。

## テラリウムで育てるメリット

### 1 適正な湿度を保ちやすい

ランは温室で育てられることが多いですが、温室がない室内で栽培を可能にしたのがガラス容器で育てるテラリウム。テラリウムはジュエルオーキッドが好む多湿な環境を保ちやすいのが一番のメリットです。小さく簡易的な温室として活用すれば、場所をとらず水やりの頻度も少なく済むため、初心者でも始めやすいです。

蓋付きガラス容器なら、乾燥する季節でも湿度を保ちやすい

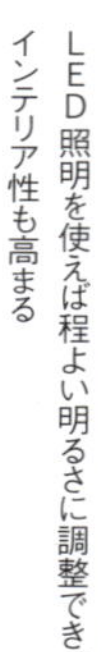

LED照明を使えば程よい明るさに調整でき、インテリア性も高まる

### 2 環境に合わせて調整できる

LED照明やパネルヒーターを使うと、湿度だけでなく明るさや気温も調整しやすいです。15cm前後の小型容器なら移動しやすいこともメリットの一つ。春と秋は出窓でレースカーテン越しの光を当て、暑い夏や寒い冬は、温度変化の少ない部屋の奥に移動するといったことも可能です。

### 3 身近で観察できる

テラリウムなら棚やテーブルなど身近な場所に置くことができます。LED照明を利用すれば玄関など窓がない場所に置くことも可能。ジュエルオーキッドと目線を合わせるようにして観察すると、植物との距離がグッと近づき、より一層輝きを感じることができます。

近くで観察すれば、ジュエルオーキッドの輝きをより堪能できる

# 選び方と入手方法

元気に育てるためにはよい苗を選ぶことが重要。選ぶポイントと入手方法をおさえましょう。

## 選び方のポイント

専門店で購入する場合、葉に張りがあり、間延びしていないものを選びましょう。虫がついていないかチェックすることも大切(P.27参照)。ネット通販の場合、高額品を購入する際は、現物の写真を掲載しているサイトがおすすめ。どちらの場合にも「特定国内種事業者」の届け出(P.12参照)が掲載されていることをしっかりと確認し、気になる点は購入前に質問するとよいでしょう。質問に対して的確に答えてくれるショップが、よい販売店であるといっても間違いありません。

**よい苗**

葉がピンと開き、張りがあるものがよい

**悪い苗**

若い葉が変色している

全体的に葉が垂れ下がっている

## 入手方法

園芸店、アクアリウムショップ、ネット通販などで購入することができます。また生産者が年に数回、植物やアクアリウムの販売イベントに出展しているので、SNSなどで情報を集めておくとよいでしょう。P.87にジュエルオーキッドを購入できる販売店を紹介しているので参考にしてください。

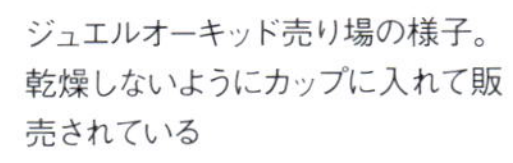
ジュエルオーキッド売り場の様子。乾燥しないようにカップに入れて販売されている

# 必要な材料と道具

ジュエルオーキッドの苗を入手する前に、必要な材料と道具もチェックを。
いずれも清潔なものを使用しましょう。

## 用意する材料

**テラリウム容器：**蓋付きのガラス容器がよい。成長を考え、高さが15cm以上あるものを選ぼう。

**水苔：**ジュエルオーキッドを植え付ける植え込み材としての役割のほか、容器の底に敷く床材としても使用する。

**植木鉢：**直径6cm以上のプラスチックポットを使用。底に穴があいていれば、陶器鉢や素焼き鉢でも栽培できる。

**吸水性シート：**水苔の上に敷くことで、鉢の汚れを防ぐ（P.17参照）。

## あると便利な材料

**LED照明：**光不足が解消できる。LEDのみでの栽培も可能。写真は「植物のためのそだつライト」。

**デジタルタイマー：**
LED照明をON/OFFするのに便利。一日8〜10時間でセットしておこう。

LED照明

デジタルタイマー

## 揃えたい道具

**水差し：**水やりに使用する。株元にかけやすいよう細いノズルの付いたものがよい。

**霧吹き：**葉水をかけるのに使用する。株全体が湿るように、ミストが細かいものがよい。

**ハサミ：**植え替えや株分けに使用する。先が細く錆びにくいステンレス製がよい。

**ピンセット：**植え替えや株分けに使用する。錆びにくいステンレス製がよい。

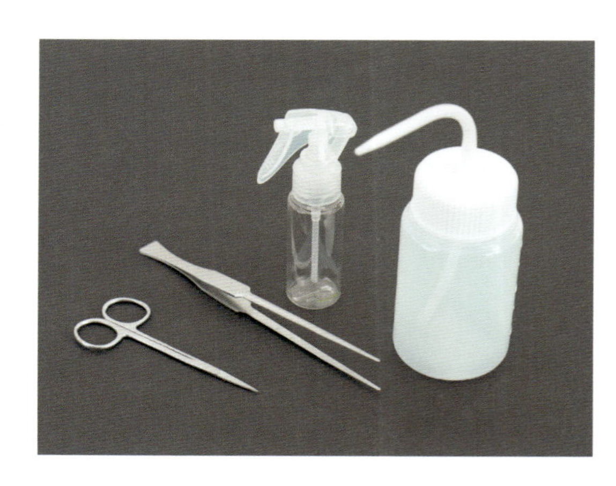

# 基本のテラリウムのセット方法

鉢のままテラリウム容器に入れて、手軽に設置する方法。
湿度が保てるほか、ほこりや害虫を避けられます。

## 準備

マコデス ペトラは購入したプラスチック鉢のまま使う（新しい鉢に植え替える場合はP.21～22を参照）。

乾燥水苔は無理にほぐすとちぎれてしまうため、水に30分程度浸して柔らかくしておく。

## セット方法

水で戻した水苔をほぐし、余分な水分を絞ったら、容器の底に3cm程度の厚みになるように敷く。

水苔で鉢が汚れないように、吸水性シート（写真はハイグロロン）を敷く。

ジュエルオーキッドをケース内に入れ、蓋をして完成。

### 便利な吸水性素材を活用

ハイグロロン（写真右）はシート状のナイロンファイバー素材、アクアセル（写真左）はシート状のウレタン素材。いずれも吸水性、保水性が高く、シート内の空気も取り込める。シート状で柔らかく、カットも容易なため様々な素材と組み合わせて、レイアウトも自在にできる。

# 基本の管理

こまめな手入れは必要がない植物ですが、
日頃から状態をよく観察して適切な管理ができるようにしましょう。

## 水やり

Point

・水差しを使う
・苔の表面がしっとりするように

水苔の表面を指で触って、カサカサと乾燥してきたら、水差しを使って水苔を湿らせるように水を与えます。その後、水苔がしっとりしているか指で表面を触って確認するとよいでしょう。ポットを持ち上げて、水が滴るほどでは多すぎです。特に気温が低いときには、水分が過剰になると根が傷みやすいので注意します。

株に水が直接かからないよう、水差しで株元に水やりをする

水やり後、指で水苔の表面を触ってしっとりしていればOK

鉢底から水が滴るようなら多すぎるので水けを切る。乾いた雑巾の上に1時間程度載せておくと、余分な水けが切れる

## 換気

Point

・一日5分程度、蓋を開ける

湿度を保つため、テラリウムは基本蓋を閉めた状態で育てます。密閉状態が長く続くと、徒長しやすくなるため、一日5分程度蓋を開けて空気を入れ換えるとよいでしょう。空気が動くことで丈夫に育つため、病気の予防にもなります。

## 施肥

Point

・薄めの液肥を春と秋に1回ずつ

春と秋の成長期に1回ずつ、規定濃度の1/4程度に薄めた液体肥料を株元に与えます。わずかな栄養で成長できるため、定期的に植え替えを行っている場合は肥料を与えなくても十分に生育できます。肥料が多すぎると根傷みや水苔に藻が発生する原因となるため、与えすぎには注意しましょう。

# 環境設定

テラリウムで育てると管理しやすくなりますが、
置き場所などの環境に気をつけましょう。

## 置き場所と明るさ

Point

- 明るさ500～1500ルクス
- 一日8～10時間

500～1500ルクス程度の明るさの場所に置きます。一日8～10時間明るい時間が続く必要があり、それより短いと光不足になります。明るさが足りない場合にはLED照明を使って補います。窓越しであっても直射日光に当てると葉焼けするので注意。窓辺に置く場合には、必ずレースカーテンを掛けましょう。

## 湿度

Point

- 容器内は常にしっとりした状態に

多湿な環境を好むため、容器内は常にしっとりした状態をキープします。底材の水苔と吸水性シートを水が溜まらない程度に湿らせておきます。ポット内の水苔がびしょびしょで多湿な状態が続くと、根傷みの原因となります。暖房の使用などで湿度が低いときには霧吹きを使って葉水をかけ、容器内の湿度を高くしましょう。

## 温度

Point

- 15～25℃が適温

人間が快適に過ごせる温度がジュエルオーキッドの適温。比較的低温には弱く10℃以下になると傷むことがあります。また夏は30℃以上になると、生育が緩慢になり病気の発生がふえるため、できるだけ30℃未満の時間を長くするようにします。品種によって適温の範囲が異なるので、図鑑ページ(P.61～)を参照してください。

# 冬の寒さ対策/夏の暑さ対策

ジュエルオーキッドは熱帯原産のものが多いため、
夏場の暑さには比較的強いですが、冬の寒さには特に注意が必要です。
それぞれの季節に合った対策で、植物のストレスを抑えましょう。

## ◎冬はここに注意

最低気温が15°C以下になると成長が止まります。気温が低いときに植え込み材に含まれる水分が過剰になると、根傷みの原因に。さらに10°C以下になると葉が黄変するなどのダメージが出てきます。

**具体的な対策**

### 15°C以下では葉水は避ける

温度が低いときに葉が濡れていると傷みやすいため、15°C以下になったら葉水のための霧吹きは行わないようにします。ただし、ケース内の湿度は高い状態で保つ必要があるため、底材は湿った状態をキープしましょう。

### 育苗用のパネルヒーターを活用

気温が低い場合には、育苗用のパネルヒーターを使って加温します。サーモスタットをつけておけば、適正な温度でON/OFFされるので安心。パネルヒーターや暖房を使うと乾燥しやすくなるため、乾燥しないように注意します。

## ◎夏はここに注意

暑すぎると成長が緩慢になり、病気が発生しやすくなります。また、テラリウムに日光が当たると、温室効果により急激に温度が上がります。季節によって日の傾きは変わるため、窓際などに置く際は、日光が直接当たらないように気をつけましょう。

**具体的な対策**

### エアコンを上手に活用

室内の温度を下げるためには、エアコンを使うのが一番効果的。人間が快適に過ごせる温度で育てるのが理想ですが、夜間の温度だけでも下げることができると、植物が感じるストレスがだいぶ軽減されます。

### 換気で蒸れを軽減する

夏の間も容器の蓋は閉めて育てるのが基本。蒸れを軽減するため、蓋と容器の間に少し隙間をあけるか、換気の回数を増やすと、病気の発生を抑えられます。完全にオープンな状態にすると、湿度が下がったときにダメージが出やすいので注意します。

# 植え替えの基本

ジュエルオーキッドが成長して根が詰まってくると、新陳代謝が低下して成長しにくくなります。
新しい水苔に取り替えることで、代謝がよくなり成長が促されます。根詰まりしてからでは植え替えが大変なため、
１年に一度植え替えしましょう。真夏、真冬は避け、生育期である春または秋に行います。

植え替えした方がよい大きさに成長した株（写真左）と、まだ植え替える必要がない大きさの株（写真右）

## 必要な材料と道具

植え替えるジュエルオーキッド、新しいポット、ハサミ、ピンセット、水苔

**ポット：**ひと回り大きなポット。大きすぎる鉢に植えると生育不良になるので注意。

**水苔：**古い水苔は使い回しせず、新しい水苔を使用する。水で戻して使用する。

**道具：**ハサミ、ピンセット。他に園芸用の殺菌剤

※何株か続けて植え替えする場合、ウイルスなどによる病気の感染を防ぐため、植え替えに使用する器具（ハサミ、ピンセット）は1株植え替えするごとに煮沸消毒する。

## 植え替え方法

植え替える際は、道具を消毒したうえで、株を傷めないようやさしく扱います。

1

ポットからジュエルオーキッドの株を水苔ごとそっと抜き取る。

2

水でふやかしながら古い水苔を取り除く。

古い水苔を取り除いた株。ジュエルオーキッドの根はもともと少ないため、折らないように注意する。

## 3

枯葉や傷んだ根をハサミで切って取り除く。黒っぽく変色して、指で軽くつまんだときにスカスカしたものが傷んだ根。

## 4

殺菌剤（ここではベンレート水和剤。P.26参照）を規定どおりに希釈した液に2～3分間浸けて消毒する。

## 5

水で戻した新しい水苔で根をくるむ。やさしく包んだときにポットの直径よりもひと回り大きいくらいが使用量の目安。押し込むようにしてポットに植え付ける。

## 6

ポット際の水苔を、ピンセットなどを使って丁寧に押し込む。株元を無理に押すと茎や根を傷めるので注意する。

### 水苔で植える際のポイント

水苔は弾力があるため、少ない量でふわっと植えることもできれば、ぎゅうぎゅうと詰め込んで硬く植えることもできます。ふわっと植えると水を含みやすく、硬く植えると水を含みにくくなります。どちらの植え方でも生育には問題ありませんが、複数育てる場合には、同じ植え方をすると水加減が一定になるため、管理しやすくなります。

### ラベルに日付の記入を

品種名のラベルの裏側に植え替えをした日付を書いておくと、次回の植え替え時期の目安がわかるので便利。ラベルは必ず付けておきましょう。

# ふやし方の基本

成長に応じて株をふやしていくのもジュエルオーキッドを育てる楽しみのひとつ。
ここでは株分けと挿し芽を紹介します。

## 株分け

株数が多くなって、株立ちの状態になったとき株分けを行います。成長が活発な春または秋に行いましょう。

成長して株立ちになった
マコデス ペトラ（写真左）

**必要な材料と道具**

新しいポット、ハサミ、ピンセット、
水苔、園芸用の殺菌剤、綿棒（挿し芽をするとき）

**株分けの方法**

1

植え替えの作業と同様に、鉢から株をそっと抜き取り、古い水苔を水でふやかしながら全て取り除く。

2

株と株がつながっている部分にハサミを入れて切り離す。

3

下葉や枯れた根を取り除き、希釈した殺菌剤（ここではベンレート水和剤）に2～3分浸ける。

4

戻した新しい水苔を使ってひと回り小さな鉢に植え付ける。大きすぎる鉢はその後の生育を悪くするので注意。

5

株分け後1か月程度は特に水が多くなりすぎないように気をつける。また、株分け直後には株が弱っているため、絶対に肥料を与えないこと。

## 挿し芽

まだ芽の数は少ないが、数をふやしたいときに行う方法です。
茎から根が出てきていれば、切り離して挿し芽ができます。株分けと同様に春または秋に行い、材料・道具も株分けと同様です。

茎から根が出てきて、挿し芽でふやせるタイミングになったマコデス ペトラ

**1**

ハサミで茎を切り離す。根が出始めている節の下で切ると成功しやすい。また上下ともに葉が3枚程度残った状態にすること。若い苗で挿し芽をすると失敗しやすい。

**2**

感染予防のため切り口に殺菌剤（トップジンＭペースト）を綿棒で塗る。

**3**

切り離した芽を新しい水苔で植え付ける。その後の管理は株分けの場合と同様。

**4**

左：上部を切り離して挿し芽した株
右：元の株

1か月後 元の株から伸びてきた新芽

1か月後 切り離した芽の新しい根

挿し芽3か月後の様子

### 交配、種まきしてふやすことはできる？

自然環境下では、ランの種はラン菌と呼ばれる共生菌が共生してはじめて発芽します。そのため、水苔などにまいてもほとんど発芽することはありません。発芽に必要な養分を添加した無菌培地に種をまくことで、ラン菌との共生がなくても発芽させることは可能です。ただし、無菌作業できる設備が必要なため、難易度は高く一般的ではありません。

※マコデス ペトラ、アネクトキルス フォルモサヌスは個人で楽しむためにふやすことは問題ありませんが、ふやした苗を販売・譲渡することは法律で禁止されています。P.12参照

# 仕立て直す2つのテクニック

ジュエルオーキッドは地面を這うようにして生育範囲を広げる植物。
ある程度、上に成長すると重さで茎が倒れ、横に広がるようになってきます。これはジュエルオーキッド本来の性質です。
成長し伸びてきたジュエルオーキッドを美しく仕立て直す方法を紹介します。

自生地で横に這うように伸びるミヤマウズラ

## ◎深植え法

もっとも簡易的な方法。下葉を落として深く植えます。

1

元の株をポットから抜き取り、水苔に埋まる下葉は腐敗する原因となるため切り落とす。

2

株を殺菌剤に浸けて消毒し(P.22参照)、新しい水苔を使って深植えする。

Before　After

## ◎ピン留め法

U字に曲げたピンを使って茎を倒して固定させ、美しい姿に仕立て直します。

1

針金(アルミ線)をU字に曲げたピンを用意する。

2

茎をそっと横に倒し、U字ピンを挿して水苔に固定する。

3

節の部分が水苔に触れていると新しい根が伸びやすい。数か所ピンで固定する。

4

先端が倒れた状態で完成。横倒しになった芽は、2～3日で起き上がる。

Before

After

# 病気対策

ジュエルオーキッドは茎の地際が腐敗する病気が最も多く発生します。
初期であれば助けることができるため、よく観察し出来るだけ早く発見することが大切です。
この他、ラン科植物が感染するウイルスの病気などがあります。

地際の茎が病気で腐敗した
マコデス ペトラ

## 病気の予防

病気が発生しやすい夏前に殺菌剤（ここではベンレート水和剤）を予防散布します。また、購入直後の苗は、輸送の傷みや環境変化によるストレスで病気が発生しやすいため殺菌剤をかけておくとよいでしょう。イベントで海外業者が販売している輸入苗は特に注意が必要です。

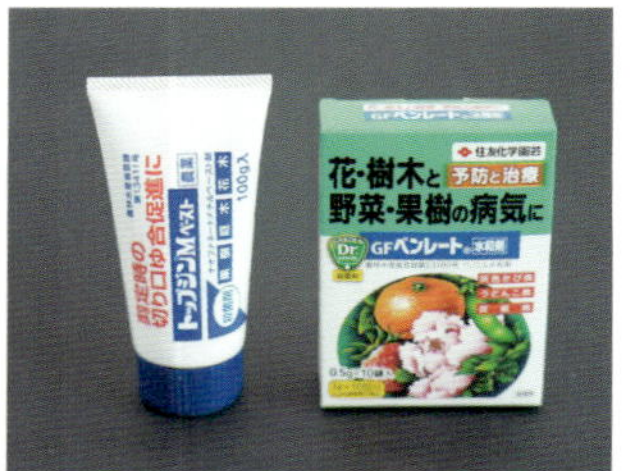


予防や対策に使用する薬剤は使用法を守って使う。殺菌剤のベンレート水和剤（写真右）とトップジンMペースト（写真左）

## 病気になった株の対処法

まずは、他のジュエルオーキッドに感染しないように隔離してから対処することが重要です。

1

茶色く変色した感染部分より上の、元気な部分を切除する。

切り口に殺菌剤（トップジンMペースト）を綿棒で塗る。

3

新しい水苔で植え直す。1か月程度で新しい根が動きはじめれば助けることができる。病気が発生した苗に使用していた、古い水苔は使い回さず処分すること。植え直した直後（写真左）と2か月が経ち根付いた株（写真右）。

# 害虫対策

病気対策と同様、害虫も早く発見することが大切です。
早めに取り除く、殺虫剤を散布するなどそれぞれの原因に合った対応をしましょう。

## ◎ナメクジ、マイマイ

葉や花芽を食害します。日中は鉢内に隠れて夜間活動します。茎が食べられると、致命的なダメージになることも。購入苗は、ポットの裏側に隠れていないかチェックして、這い跡を見つけたらナメクジ用の誘殺剤で駆除します。

## ◎ハダニ

葉の裏側に発生します。大量に発生すると、葉が黄変して弱ってしまいます。ハダニの食害から他の病気を併発することも。とても小さく肉眼では確認しづらいです。葉の裏が白い粉をふいたようになっていたら注意。葉の裏側に水のシャワーをかけることで、洗い落とすことができます。

## ◎コナカイガラムシ

葉の付け根に発生します。ふわふわとした白い塊ができていたら注意。初期には見つけにくく、大量に発生すると、葉が黄変し弱ります。発見したら爪楊枝などで丁寧に取り除きます。目で見える範囲を取り除いたうえで、園芸用の殺虫剤(ベニカXファインスプレーなど)で駆除します。

## ◎スリップス・アブラムシ

花が咲いているときに発生します。それ自体が株を弱らせてしまうことはありませんが、ウイルス性の病気を媒介する場合があるので、発生させないのがベストです。園芸用の殺虫剤(ベニカXファインスプレー・写真右など)で駆除します。

元気に成長して美しい葉を楽しむためには、日頃から株をよく観察すること。
異変を感じたら、図鑑ページも参照して状態と品種に合った適切な対応をしましょう。

## Q. ひょろひょろと間延びした感じに育ってしまった

## A. 徒長の原因を取り除こう

茎が細くなり間延びしている場合、徒長している可能性が大。徒長の原因は、光不足やテラリウムの気密性が高すぎることなどが考えられます。ジュエルオーキッドの茎はもともと伸びて広がる性質があるため、茎や葉が太くて伸びているときには、単に生育がよいだけという場合もあります。徒長は適正な明るさで十分な時間光を当てること、ときどき蓋を開けて空気を入れ換えることで予防できます。徒長してしまった場合には、P.25の方法で仕立て直すとやがて美しい姿になります。

## Q. 葉が巻いてきた

## A. もとの性質か、水分不足の可能性も

もともと葉が巻く性質がある品種の場合と、水分不足の場合が考えられます。水分不足の場合には、適正な管理をすると、次に出てくる葉から正常に戻ります。
水を十分に与えていても、根が傷んでいると十分な水が吸えず葉が巻くことがあります。品種の特性ではなく、水分が適正な場合には、根が傷んでいないかチェックしてみましょう。根が傷んでいた場合には、その部分をカットして、新しい水苔で植えましょう（手順P.21～参照）。

品種の特性で葉が巻いているアネクトキルス リレイ

水分不足で葉が巻いてきたマコデス ペトラ

綿状のカビのように見えるが、節から出始めた根

## Q. 茎の途中にカビのようなものが生えてきた

### A. 根なので そのまま育てて OK

これはカビではなく根。葉の付け根の節になっている部分から、新しい根が出てきます。ジュエルオーキッドの根は本数が少ないため、茎の途中から出た根は取り除かず、そのまま育てるようにしましょう。

## Q. 葉が茶色になってしまった

### A. 葉焼けや乾燥など、原因に合った対処を

根元の方の下葉だけが、茶色や黄色に変色してきた場合には、新陳代謝なので特に心配することはありません。一部だけが茶色くなってきた場合には、葉焼けや病気の可能性があります。茶色くなった部分が広がっている場合には、症状が出た葉を切り、殺菌剤をかける、塗るなどの対処を。葉先から茶色くなってきた場合は、極端に乾燥させてしまったか、肥料のやりすぎで養分過多になっている可能性があります。

新陳代謝により下葉が茶色くなったケース。カットして取り除けば OK

乾燥により、葉先が枯れてきた場合は適切に水分を管理する

葉に残った水滴がレンズになり葉焼けの原因になることも。葉焼けから感染して病気になる可能性もあるので、日光に当てたことで葉焼けした場合は置き場所を変えること

病気で葉が茶色になったケース。ジュクジュクした状態になっている。病気が広がる前に葉を切り落とし、殺菌剤をかける

## Q. 植え込み材の水苔が緑色になった

### A. 養分過多になっていないかチェックを

藻やコケが繁殖して、植え込み材が緑色になることがあります。特別害はないですが、表面を覆うほどに繁殖すると、水苔の通気が悪くなり、生育にも影響が出ることもあるので放置しないこと。養分過多のときに水苔に藻が繁殖しやすいため、緑色になった表面の水苔を、新しい水苔に取り替えるとよいでしょう。

## Q. 斑入りを購入したが、緑色の葉が出てきた

### A. 斑入りを継代（けいだい）する工夫を

様々な斑入りのジュエルオーキッド

斑入りは出現が安定していないものも多く、育てている間に元の色に戻ってしまうことがあります。特に葉ごとで斑の出方が異なるものは、安定していない場合が多いです。新芽が出たときに緑色になってしまった場合は、かき取って斑が残っている芽だけを残すことで、斑入りを継代（植え継ぎ）していくことができます。

## Q.
## 花芽が付いたが、どうしたらいい？

花芽をそのまま伸ばして花を咲かせることも可能です。ただし、ジュエルオーキッドの花茎は長く伸びるため、花を咲かせる期間はテラリウムの蓋を開けて育てる必要があります。乾燥しやすくなるので、水分の管理に気をつけます。特に乾燥に弱いコケやシダを一緒に植えている場合は、傷んでしまう可能性が高いため、より注意が必要です。

## A.
## 株の成長か、花の開花か、どちらかを選ぶ

ジュエルオーキッドは、花芽が伸び始めてから花が咲き終わるまでの間、1～2か月間成長を休みます。花が咲き終わった後、脇芽が出て株数が増えていきます。成長を止めずに早く株をふやしたい場合には、花芽が伸び始めたらすぐに根元からかき取ること。花芽を取ると数週間で脇芽が出始め、成長していきます。

花芽が付いた苗（写真上）。より早く成長させたい場合は花芽を根元からかき取る（写真下）。指で曲げるとポキッと折れるが、ハサミで切り取ってもよい。切り口には殺菌剤を塗っておく

花茎は容器の蓋につかえるほどよく伸びる

花芽を切ると新芽が出てくる。切ってから約1か月後の状態

容器の蓋を開けて花茎を伸ばし、咲かせた花。乾燥には注意する

育種家を訪ねて

# 01

# 斑入りのマコデス ペトラから新しい挑戦へ

石﨑隆さん・石﨑賢弥さん（石﨑バイオ）

ウチョウランの育種を60年やってきた石﨑隆さん（写真左）と孫の石﨑賢弥さん

ジュエルオーキッドの苗が入ったフラスコを管理している培養棚（上）

フラスコから取り出した苗はプラスチックポットに水苔で植えてLEDで管理する（下左）

出荷を待つジュエルオーキッド。少量ずつ多様な品種を生産している（下右）

**群馬県館林市でジュエルオーキッドやウチョウランの栽培を行う石﨑バイオ。ベテランの石﨑隆さんに、お孫さんの賢弥さんが加わり、7年ほど前からジュエルオーキッドの栽培に取り組んでいます。**

## ジュエルオーキッドを選んだ理由

長年やってきたウチョウランは趣味家が高齢化し、勢いがなくなってきていました。組織培養でいろいろな植物をやってみた結果、知見を活かせる植物として、ジュエルオーキッドに注目。

「なんといっても、見た目がかわいかった。葉脈が光ってる！ これはすごい、と感じました」と賢弥さん。種類が多くコレクションの楽しみもあること、室内園芸が盛り上がっている時代に合っていること、それに加えて小型で生産しやすいことも後押しとなり、ジュエルオーキッドに力を入れていくことになりました。

## 「実生」と「メリクロン」

ランの栽培には、交配して種を採ってふやす「実生」と、組織を培養してクローンをふやす「メリクロン」があります。石﨑さんはどちらも取り組んでいますが、販売する株を増殖するのは「組織培養メリクロン」が多いとのこと。

ランが一般の植物と違うのは、組織培養はもちろん、種まきや植え替えなども無菌状態で行う必要があることです。無菌状態で作業を行うためのクリーンベンチが突然故障したときは、生産量が落ちて苦労したとか。実生での育種にも取り組んでおり、これからはオリジナル品種にも力を入れていく予定です。

## 斑入りの魅力とこれからの挑戦

石﨑バイオが注目されるきっかけとなったのは、マコデス ペトラの斑入り株。SNSにアップしたところ、幅広い層から多数の反応があったのだそう。植物の葉にまだらに模様が入る「斑入り」を楽しむのは、古くからの伝統園芸的な楽しみ方。緑色の葉が真っ白になるほどの斑入りは珍重される一方、葉緑素が少ないために環境の変化に弱く、育てる難易度は上がります。

斑は人工的に作れるものではなく、たまたま出現したものをふやしていくもの。組織培養をしても、斑が残せるとは限りません。実生では基本的に受け継がれないので、まさに偶然の産物なのです。「斑入りは同じものがないのが魅力。同じ種でもまったく違う表情で、一株一株に愛着がわきます」と賢弥さん。これもコレクションの楽しみのひとつです。

ジュエルオーキッドでは、魅力的なオリジナル品種を作っていくことが目標。また、組織培養の技術を磨き、依頼があればいろいろな植物をふやせるようにしていきたいとのこと。伝統園芸から繋がる石﨑バイオさんの今後の活躍に注目です。

石﨑さんを一躍有名にしたマコデス ペトラの斑入り。石﨑さん一番のお気に入りでもある

フラスコで培養しているジュエルオーキッドの苗（上左）

培養室はエアコン、加湿器、サーキュレーターを使って環境を一定に保っている（上右）

無菌状態で作業を行うためのクリーンベンチ（下左）

器具や培地を高温で滅菌するためのオートクレーブ（下右）

Xのアカウント

育種家を訪ねて

02

# 原種や交配種、もっと多くの品種を楽しんでほしい

太田垣光洋さん（The GAKI）

異色の経歴をもつGAKIさん。試行錯誤しながら7〜8年前にオークションサイトで販売をスタートし、販売店に卸すようになったのは4〜5年前から

一番推しの交配種、通称ハチテラータ。ハチジョウシュスランとロステラータを交配して作出した

一番好きなジュエルオーキッドはアネクトキルス ロクスバギー'サンライト'。「派手派手しいは正義」とGAKIさん

トラック運転手から独学でジュエルオーキッド栽培家に転向したという
GAKI(太田垣)さん。奈良県内の作業場で多種類の栽培に取り組んでいます。
最近では、注文に対して生産が間に合わないほどの人気です。

培養棚は紫ピンクのLEDで管理している。
白色LEDと比べて葉焼けしにくい

GAKIさんオリジナル交配のジュエルオーキッド。
はっきりとした華やかな模様が魅力

## ジュエルオーキッドの魅力

「栽培を職業にする前から、色々な植物が好きで育てていました。ジュエルオーキッドにハマったきっかけは見た目のインパクト。表現の多さに驚き、魅了されました」とGAKIさん。始めた当時は栽培技術の情報もほとんどなく、手探りでクリアしていくことも楽しかったといいます。「ジュエルオーキッドといえば知名度・人気ともにマコデス ペトラが一番ですが、それ以外の品種も美しいものがたくさんあります。ペトラだけじゃないぞ、と伝えていきたい」

## 育種の楽しさと難しさ

オリジナル品種の育種に力を入れているGAKIさん。これだと思う花を交配して、種をまき、販売できるようになるまでにかかる期間は平均2年。さらに数年かかる種類もあるといいます。それでも「自分の好きな子が作れる。自分は派手派手しい子が好きなので、好みの表現が出るように育種をするのが楽しい」と語ります。

一方、「自分ではよいのができたと思っても、全く売れないことも多々あります。自分の価値観にこだわりすぎると失敗するので、趣味嗜好だけに走らず、お客様の声を聴きながら改良していくことが大切だと感じています」と、その難しさを実感しています。時間がかかる作業だけに、ニーズを把握して育種をする困難もあるのでしょう。GAKIさんの即売会に並んででも手に入れたいと思うファンからは、1点もののオリジナル品が求められることが多いそうです。

## 原種と交配種それぞれの楽しみ

GAKIさんは新しい品種を作るだけでなく、原種をセルフ交配(自家受粉)させて、よりよい原種を作出することも目指しています。「原種と交配種それぞれに魅力があり、楽しまれています。原種が好きな人は原種を集め、交配種が好きな人は交配種を集める傾向があるように思います」とのこと。

今後もジュエルオーキッドのジャンルをもっとメジャーに、みんなが知っているものにしていきたい、と語るGAKIさん。新たな品種作出も楽しみにしています。

オリジナル交配と一般品種を黒タグ・白タグで分けて販売している(左上)

ステージ別に並べた培養中のフラスコ。左が一番若い苗で、フラスコ内で間引きながら大きくしていく(右上)

ポットに移植した苗はケースの中で管理。毎朝、蓋に隙間をあけて換気している(左下)

株を傷めないように1苗ずつ丁寧に綿でくるんで発送する(右下)

The GAKI サイトリンク

CHAPTER 2

# テラリウムで楽しむ ジュエルオーキッド

ソイル（用土）を使ってテラリウムにレイアウトする方法を解説。
自生地のような風景を再現してみましょう。

01

# ジュエルオーキッドの シンプルなテラリウム

ジュエルオーキッドをテラリウムで育てる第一歩。
もっともシンプルな作品の作り方を解説します。

data ※hは高さ、Φは口径です。

| | |
|---|---|
| 容器の大きさ | 15×15×h15cm |
| 作りやすさ | ★★★★★ |
| 育てやすさ | ★★★★★ |
| 制作時間の目安 | 30分 |
| 使用した品種 | マコデス ペトラ |

ソイルに植えるとテラリウムの世界が自由に広がります。
ジュエルオーキッドの下処理はP.21～を参照。

マコデス ペトラ

## 用意するもの

### 材料

ジュエルオーキッド、ガラス容器、テラリウム用ソイル（用土）、青華石、富士砂、川砂利

### 道具

ピンセット、ハサミ、スプーン、水差し、土入れ、スポイト（あれば）、ス筆（あれば）

## 作り方

**1**

テラリウム用ソイルを入れる。厚さ5～7cmくらいが目安。

**2**

石を配置する。石の下部がソイルに埋まるようにすると、石が動きにくい。

**3**

ソイルを水で湿らせる。底の方までしっかり湿らせるようにする。水が入りすぎてしまったらスポイトなどで抜き出す。

**4**

ジュエルオーキッドを植える場所に、根が収まる広さの穴をスプーンで掘る。

**5**

ジュエルオーキッドの根が隠れるよう穴に入れる。ちょうどよい高さで動かないように指で押さえておく。

**6**

筆を使ってソイルを寄せて穴を埋める。ジュエルオーキッドを指で押さえたまま、ソイルを寄せて植えるのがコツ。

**7**

化粧砂を敷く。今回はジュエルオーキッドの周りを富士砂で、容器との際を川砂利で装飾した。

## 管理のポイント

ソイルが湿った状態をキープする。ただし、鉢植えと異なりテラリウムは水が抜け出ないため、水が溜まらないように注意する。水が溜まると根傷みの原因となる。

02

# 鉢植えのジュエルをテラリウムで楽しむ

ジュエルオーキッドとお洒落な植木鉢を組み合わせることで、インテリアグリーンとしての楽しみがいっそう膨らみます。

益子焼（横山雄一作）の植木鉢

data

| 容器の大きさ | 25×16×h25cm |
|---|---|
| 作りやすさ | ★★★★★ |
| 育てやすさ | ★★★★★ |
| 制作時間の目安 | 30分 |

使用した品種
アネクトキルス ロクスバギー（写真左上）
アネクトキルス sp.（写真右上）

信楽焼（山末製陶所）の植木鉢

ジュエルオーキッドに適した鉢選びやアレンジ方法を解説します。
適度な湿度を保つため、ガラスケースには湿らせた水苔を敷いて
から入れるのがポイント。管理方法はP.18～を参照。

アネクトキルス ロクスバギー

## 用意するもの

アネクトキルス sp.

**材料**

ジュエルオーキッド、ガラス容器、植木鉢、水苔、吸水性シート（ここではハイグロロン）

**道具**

ピンセット、ハサミ

植木鉢は上から見たときに、ジュエルオーキッドの幅と鉢の口径が同じくらいのものを選ぶ。鉢は大きくしすぎないのがコツ。また、穴の開いていない器は水が溜まってしまうので避ける。

## 作り方

**1**

水苔でジュエルオーキッドの根をそっとくるみ、植木鉢に植え付ける（P.21～参照）。

**2**

適した湿度を保つために、容器の底に底材として水苔を敷く。水苔で植木鉢が汚れないように、吸水性シートを敷いてから鉢を入れると、すっきりと飾ることができる。砂利や砂は、鉢内の水苔が直接水分を吸い上げてしまうため、底材には向かない。

薄黄色の模様が入るジュエルオーキッドには、紺色の植木鉢を組み合わせた。模様に合わせて鉢を選ぶのも楽しみのひとつ。

03

# ジュエルとコケを組み合わせる

ジュエルオーキッドの足元にコケを植えると、自然な雰囲気のテラリウムに。コケを組み合わせるコツを解説します。

data

| | |
|---|---|
| 容器の大きさ | 25×16×h25cm |
| 作りやすさ | ★★★★ |
| 育てやすさ | ★★★★ |
| 制作時間の目安 | 30分 |
| 使用した品種 | ルディシア ディスカラー |

ジュエルオーキッドの足元で、こんもり成長するアラハシラガゴケを選択。
コケの下処理をしっかりすることでテラリウムの環境を良好に保てます。

## 用意するもの

**材料**

ジュエルオーキッド、アラハシラガゴケ、ガラス容器（蓋付きで通気のあるもの）、テラリウム用ソイル、青華石、川砂利

**道具**

作例1（P.38〜）と同じ

## 作り方

**1**

コケは塊をピンセットでつかめる大きさにほぐして、裏側についた汚れを落とす。コケには根がないため、下側の茶色い部分は切り落としてもよい。

**2**

ピンセットでコケをつかみ、ソイルにまっすぐ挿すように植える。指や棒でコケを軽く押さえてピンセットをまっすぐ引き抜くようにするとよい。

**3**

株元や石の周囲を埋めるようにコケを植えていく。コケが成長するスペースを確保するため、容器の周囲は1cm程度余白を残す。

**4**

余白部分に川砂利を敷く。スプーンを使うと便利。

## 管理のポイント

ルディシアは多湿環境が苦手なため（P.68参照）、蓋と容器の間に隙間があり通気のある容器を使用する。一日1回蓋を開けて換気するとコケの徒長対策にもなる。

Jewel Orchids Terrarium

04

# 複数のジュエルを組み合わせる

模様の異なるジュエルオーキッドを数種類組み合わせると、とても豪華な作品になります。ジュエルオーキッドの寄せ植えに挑戦してみましょう。

data

| | |
|---|---|
| 容器の大きさ | ø18×h18cm |
| 作りやすさ | ★★★★ |
| 育てやすさ | ★★★★ |
| 制作時間の目安 | 60分 |

使用した品種

アネクトキルスsp.／アネクトキルス ローウィ／アネクトキルスsp. × アネクトキルス サイアメンシス

ジュエルオーキッドを寄せ植えにする際の種類選びと
デザインのポイントを解説します。

## 用意するもの

ホソバオキナゴケ（写真左）　タマゴケ（写真右）

### 材料

ジュエルオーキッド、ホソバオキナゴケ、タマゴケ、ガラス容器、テラリウム用ソイル、溶岩石、富士砂

### 道具

作例1（P.38～）と同じ

アネクトキルス sp.×アネクトキルス サイアメンシス（写真上）、アネクトキルス ローウィ（写真中）、アネクトキルス sp.（写真下）

## 作り方のポイント

**栽培特性が近く、大きくなりすぎない種類を選ぶ（P.61～82参照）。**
**高山性の種類や、斑入り種は栽培が特殊なため、寄せ植えには向かない。**

色や模様がはっきりと違う種類を選ぶと、デザイン性の高い寄せ植えになる。華やかな模様の種類と、落ち着いた色彩の種類を組み合わせるとよい。

成長を考えて葉と葉がぶつからない程度に隙間をあけ、ゆとりをもって植え付ける。

それぞれの株が大きくなっていくので、大きめの容器で育てるとよい。３株寄せ植えする場合、直径18cm以上の大きさが必要。

05

# ジュエルとシダを組み合わせる

テラリウムに使える日陰向きの植物は、ジュエルオーキッドとの組み合わせが可能。シダを取り入れると、より自生地に近い印象になります。

data

| | |
|---|---|
| 容器の大きさ | 25×15×h27cm |
| 作りやすさ | ★★★★ |
| 育てやすさ | ★★★★ |
| 制作時間の目安 | 90分 |

使用した品種

マコデス ペトラ／アネクトキルス ローウィ／アネクトキルス ロビアーナス／アネクトキルス サイアメンシス／アネクトキルス sp.

合わせる植物の選び方と下処理から植え付けのポイントを解説します。

## 用意するもの

### 材料

ガラス容器、テラリウム用ソイル、木化石、流木、川砂利・コケ（ホソバオキナゴケ、コツボゴケ、タマゴケ）、シダ、ジュエルオーキッド

### 道具

作例1（P.38～）と同じ

マコデス ペトラ（写真左上）／アネクトキルス サイアメンシス（写真右上）／アネクトキルス ロビアーナス（写真左下）／アネクトキルス sp.（写真下中央）／アネクトキルス ローウィ（写真右下）

## 選び方のポイント

日陰で多湿の環境を好む植物を選ぶ。シダはテラリウムでジュエルオーキッドと合わせやすい。

セラギネラ（写真中央）／ヒメカナワラビ（写真左）／ドラゴンテールファン（写真右）

ジュエルオーキッドより大きくならない小型種が合わせやすい。

## 作り方のポイント

成長の早い植物の葉は適宜剪定して、コケが葉の陰にならないように気をつける。

ポットから植物を抜き取り、土を水で洗い落とす。土に小さな虫が隠れていることがあるので、下処理でできるだけ取り除いておく。

シダの根元をピンセットでつかみ、根をソイルに押し込むようにして植え付ける。

## デザインのポイント

種類の異なるシダを複数組み合わせるとデザイン性が上がる。高低差のあるレイアウトの場合にはつる性植物を組み合わせるとよい。詳しくはP.54～参照。

# テラリウムを美しくレイアウトする

美しいレイアウトには必ずセオリーがあります。デザインのセオリーを理解して美しいテラリウムを作りましょう。

data

| | |
|---|---|
| 容器の大きさ | ø18×h18cm |
| 作りやすさ | ★★★ |
| 育てやすさ | ★★★★ |
| 制作時間の目安 | 90分 |
| 使用した品種 | アネクトキルスsp. |

自然の景色のように仕上げるための、レイアウトのセオリーを解説します。

## 用意するもの

ヒメカナワラビ・シケシダ（左上）、ヒノキゴケ（中上）、コツボゴケ（右上）、スギバゴケ（左下）、ムチゴケ（中下）、アラハシラガゴケ（右下）

**材料**

ジュエルオーキッド、コケ、シダ、ガラス容器、テラリウム用ソイル、溶岩石、川砂利

**道具**

作例１（P.38～）と同じ

## 作り方とデザインのポイント

成長の早い植物の葉は適宜剪定して、コケが葉の陰にならないように気をつける。

1

石は大中小大きさの異なるものを奇数個（３または５個）選ぶ。上から見たときに不等辺三角形になるように配置する。

2

ソイルは後ろを高く、手前を低くすると正面から見たときに自然に見える。

3

道のデザインは、手前を広く、奥を狭くすると遠近感が出る。まっすぐではなく、少し蛇行させると自然なデザインになる。

4

作品の一番目立つところ（大きな石の手前）にジュエルオーキッドを植える。容器の中心ではなく、左右に少しずらした位置にするとよい。

5

コケやシダを各種類３または５か所にバラしながら植え付ける。同じ種類のコケが１か所にまとまらないように配置するのがコツ。

6

ジュエルオーキッドを引き立たせつつ自然な仕上がりになるように、石やシダやコケをリズミカルに配置した。

Jewel Orchids Terrarium

07

# LED照明付き容器に植える

植物の成長に欠かせない光。LED照明を使えば暗い場所でもジュエルオーキッドを育てることができます。

data

| | |
|---|---|
| 容器の大きさ | 口径8.5×h24.5cm（胴径17.5cm） |
| 作りやすさ | ★★ |
| 育てやすさ | ★★★★ |
| 制作時間の目安 | 120分 |

使用した品種

マコデス ペトラ／アネクトキルス sp.／アネクトキルス ロクスバギー

LED照明のメリットと、育て方による使い分けや使用時のポイントを解説します。

## 用意するもの

### 材料

ジュエルオーキッド、シダ、コケ（ヒノキゴケ、ツルチョウチンゴケ、アラハシラガゴケ、オオシラガゴケ、タマゴケ）、LED照明、ガラス容器、テラリウム用ソイル、黒砂利

### 道具

長いピンセット　他は作例1（P.38～）と同じ

### LED照明付き容器のメリット

照明と容器が一体型で、インテリア性が高い。植物は光合成で栄養を作るため光が必要不可欠。窓のない部屋に置く場合や、日中遮光カーテンを閉めている場合など、光が不足するときにLED照明で補うことができる。健康に育てるためには一日8～10時間明るくなるように調整する。

マコデス ペトラ（写真上）、アネクトキルス sp.（写真左下）、アネクトキルス ロクスバギー（写真右下）

## ライトの種類と選び方

ひとつの作品をインテリア性重視で飾る場合は、デザインに統一感がある容器一体型のLED照明がおすすめ。スタンド型LED照明は、容器の形状を選ばず使用できるため汎用性が高い。水槽を使って複数の株を育てる場合には、バー型のLED照明を使用するとよい。

## 明るさを調節するテクニック

ジュエルオーキッドの栽培には500～1500ルクスの明るさが適正。明るすぎる場合にはスタンド型であれば照明と植物の距離を離すことで、バー型の場合には照明の下に不織布を敷くことで、光を弱めることができる。

## タイマーを活用

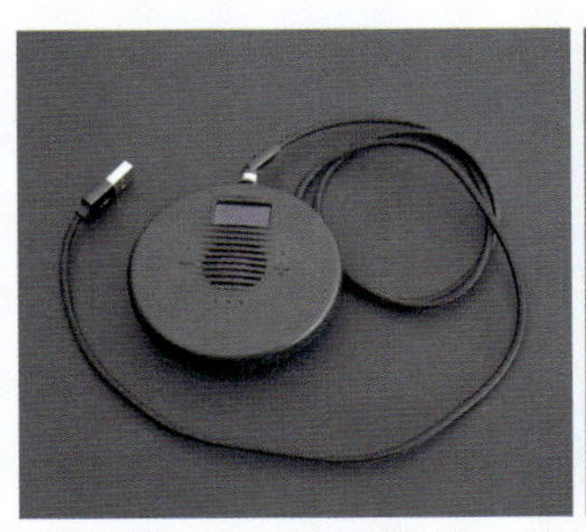

タイマーでON/OFFを設定しておけば、毎日安定した光を当てることができる。24時間つけたままにしておくと、植物の体力が消耗して傷むことがあるため注意する。最新の一体型LED照明には本体にタイマーが内蔵されているものもある。

# 流木を使ったテラリウム

レイアウトに流木を使うと、樹木の足元にジュエルオーキッドが生える自然の景色を再現できます。

data

| 容器の大きさ | 25×16×h15cm |
|---|---|
| 作りやすさ | ★★★ |
| 育てやすさ | ★★★ |
| 制作時間の目安 | 150分 |

使用した品種

ミヤマウズラ／アネクトキルス sp.

ヒメセキショウ、ドラゴンテールファン、ヒメカナワラビ、ヒノキゴケ、ホウオウゴケ、ムチゴケ、ホソバオキナゴケ、アラハシラガゴケ、コツボゴケ

流木を使う際に注意したいのが作製初期に発生するカビ。
その対策を解説します。

アネクトキルス sp.（写真左）、ミヤマウズラ（写真右）

## 用意するもの

**材料**

ジュエルオーキッド、コケ、シダ、セキショウ、ガラス容器、流木、テラリウム用ソイル、富士砂、パウダーサンド

**道具**

作例 1（P.38～）と同じ、ブラシ（あれば）

## 流木の選び方と下処理

テラリウム用・アクアリウム用として販売されている流木を使用する。1時間程度水に浸けて吸水させた後、表面についている汚れを、ブラシを使って洗い落とす。海や川で採集したものは塩抜きやアク抜きが必要なので注意。

## カビが生えたときの対処

作製初期は流木の表面にカビが発生する。綿棒などでこすり落とし、園芸用の殺菌剤をかける。２か月程度経過すると、テラリウム内の環境が整うため、カビが発生しづらくなる。殺菌剤の代わりに、トビムシを導入することでカビを抑制することもできる。

園芸用の殺菌剤（ベンレート水和剤）

トビムシにはカビを食べてくれる効果が期待できる

## デザインのポイント

ジュエルオーキッドの周りに砂で余白を作って成長の余地を残す。流木の脇につる性植物や這うタイプのコケを配置すると、成長と共に流木に這い上がり自然感が増す。

Jewel Orchids Terrarium
09

# 原生林を思わせるレイアウトに挑戦

作例1～8まで紹介したテクニックを使って、ジュエルオーキッドが生える原生林を思わせるレイアウトに挑戦しましょう。

data

| 容器の大きさ | 30×30×h30cm |
| --- | --- |
| 作りやすさ | ★★ |
| 育てやすさ | ★★★ |
| 制作時間の目安 | 210分 |

使用した品種

グッディエラ sp. ／アネクトキルス ロビアーナス／アネクトキルス sp. ／アネクトキルス ローウィ／ミヤマウズラ／ベニシュスラン

30cmCUBE型の容器を使う。
制作の時間は必要だが、小型の容器に比べて環境の変化が起きにくいので育てやすい。

アネクトキルス コビアーナス（写真左上）、ミヤマウズラ（写真右上）、グッディエラ（写真左下）、アネクトキルス ローウィ（写真右下）

## 用意するもの

### 材料

ジュエルオーキッド、（ヒノキゴケ、ツルチョウチンゴケ、タマゴケ、ホソバオキナゴケ、アラハシラガゴケ、ムチゴケ、ホウオウゴケ、スギバゴケ、クジャクゴケ、タチゴケ、イトゴケ）、シダ、セキショウ、つる性植物、着生ラン、ガラス容器・テラリウム用ソイル、流木、枝流木、落ち葉、溶岩石、富士砂

### 道具

作例7（P.50～）と同じ

## 作り方のポイント

つる性植物のマルクグラビアが流木を這い上がるように配置した。つる性植物が成長すると作品に動きが出る。

背が高い流木には着生ランを着生させた。着生ランと地生ランが共存する自生地の姿を表現。

底面に小枝や落ち葉を配置して、より自然な情景を演出。トビムシを導入することでカビの発生を抑制している。

バー型のLED照明を設置し、タイマーを使って一日8～10時間光を当てている。

# 朝霧が立ち込める原生林の環境を再現する

超音波ミスト発生器と換気機能付きLED照明Air & lightを設置すれば、朝霧が発生して、柔らかな風が流れる原生林の環境が再現できる。

## 作り方のポイント

換気機能の付いたLED照明「Air & light」を設置。内蔵タイマーで8時間点灯するように設定した。換気機能によりジュエルオーキッドの好む柔らかな空気の動きを再現できる。

アクリル板に穴を開けて、超音波ミスト発生器のダクトとLED照明を設置できるように加工した。オンラインで加工まで発注できる通販サイトもある。

超音波ミスト発生器「ゼンスイ Fog」を使って、霧が出る環境に。タイマーを設置して、AM7:00から5分間霧が発生するようにしている。霧だけでは水分が十分ではないため、2週間に1回程度水を足しソイルが湿った状態をキープする。

「Air & light」が溜まりすぎた霧を適度に排気しているため、過湿になりすぎる心配が少ない。

# ジュエルオーキッドと一緒に楽しめる植物

テラリウムでジュエルオーキッドと一緒に育てるには、
多湿を好み弱い光でも育つ植物が適しています。

## コケ

コケは大きくなりすぎないため、レイアウトの中でジュエルオーキッドの邪魔になりません。シンプルにレイアウトしやすい種類を基本に、形に特徴のある種類を組み合わせて使いましょう。

### アラハシラガゴケ

*Leucobryum bowringii Mitt.*

| 育てやすさ | ★★★★★ |
|---|---|
| 購入のしやすさ | ★★★★★ |
| 成長の速度　ゆっくり | 大きさ　小 |

こんもり成長する種類で背が高くならないので、シンプルなレイアウトに使いやすい

### コツボゴケ

*Plagiomnium acutum*

| 育てやすさ | ★★★★★ |
|---|---|
| 購入のしやすさ | ★★★★ |
| 成長の速度　普通 | 大きさ　小 |

這うように成長する種類で、石や流木の下に植えると這い上がってくる。霧吹きをかけると水滴が輝いて見える

### タマゴケ

*Bartramia pomiformis*

| 育てやすさ | ★★★ |
|---|---|
| 購入のしやすさ | ★★★ |
| 成長の速度　ゆっくり | 大きさ　小 |

丸い胞子体が付き、明るく柔らかな色合いが人気の種類。冬に新芽が成長し、夏の暑さにやや弱い

### ヒノキゴケ

*Pyrrhobryum dozyanum*

| 育てやすさ | ★★★★★ |
|---|---|
| 購入のしやすさ | ★★★ |
| 成長の速度　普通 | 大きさ　中 |

コケの中では大きめの種類で、別名イタチのシッポ。複数種寄せ植えにするときに使用したい

### ホウオウゴケ

*Fissidens nobilis*

| 育てやすさ | ★★★★ |
|---|---|
| 購入のしやすさ | ★★★ |
| 成長の速度　ゆっくり | 大きさ　中 |

鳥の羽根のような形をしている。複数種寄せ植えにするときに使用したい

### ホソバオキナゴケ

*Leucobryum juniperoideum*

| 育てやすさ | ★★★★★ |
|---|---|
| 購入のしやすさ | ★★★★★ |
| 成長の速度　ゆっくり | 大きさ　小 |

盆栽に使用される人気の種類。アラハシラガゴケより小型でシンプルなレイアウトに使いやすい

## シダ

シダは森林の足元に生えているので、ジュエルオーキッドが生える環境に近いといえます。小型の種類を選べば合わせやすく、自生地の様な風景を作ることができます。大きな葉が生えてきたときには適宜剪定しながら育てるのがコツ。

### セラギネラ

*Selaginella apoda*

| 育てやすさ | ★★★★★ |
|---|---|
| 購入のしやすさ | ★★★★★ |
| 成長の速度　普通 | 大きさ　小 |

這うように成長する小型のシダ植物。グランドカバー植物のように使いたい

### ダバリア　フィジエンシス

*Davallia fijiensis*

| 育てやすさ | ★★★★ |
|---|---|
| 購入のしやすさ | ★★★★ |
| 成長の速度　普通 | 大きさ　中 |

葉の切れ込みが細かく美しい。流木などに着生させることもできる

### ドラゴンテールファン

*Asplenium ebenoides*

| 育てやすさ | ★★★ |
|---|---|
| 購入のしやすさ | ★★★ |
| 成長の速度　ゆっくり | 大きさ　中 |

ギザギザとした葉の形がカッコイイ。成長がゆっくりなため、小型のテラリウム容器でも使いやすい

### ヒメカナワラビ

*Polystichum tsus-simense*

| 育てやすさ | ★★★★★ |
|---|---|
| 購入のしやすさ | ★★★★ |
| 成長の速度　早い | 大きさ　中 |

葉のバランスがよく、丈夫で育てやすい。成長が早いので適宜剪定して育てる

### プテリス　ムルチフィダ

*Pteris multifida*

| 育てやすさ | ★★★★★ |
|---|---|
| 購入のしやすさ | ★★★★ |
| 成長の速度　早い | 大きさ　中 |

丈夫で育てやすい。成長が早いので適宜剪定して育てる

### ブレクナム　シルバーレディ

*Blechnum gibbum 'Silver Lady'*

| 育てやすさ | ★★★★ |
|---|---|
| 購入のしやすさ | ★★★★ |
| 成長の速度　普通 | 大きさ　大 |

木立性のシダ植物で成長すると背が高くなる。大型の容器でのレイアウトに使用したい

## クライマープランツ

流木や壁面を這い上がるクライマープランツ（つる性植物）を使うと、成長と共に景色の変化が楽しめます。茎の途中で切って挿し木ができるので、配置も自由にできます。種類によって葉の大きさが違うので使い分けしましょう。

### ヒメイタビ

*Ficus thunbergii*

| 育てやすさ | ★★★★ |
|---|---|
| 購入のしやすさ | ★★★ |
| 成長の速度　早い | 大きさ　小 |

小さくかわいらしい形の葉が人気。流木や石に付着しながら這い上がる

### フィカス プミラ（ミニマ）

*Ficus pumila* var. *minima*

| 育てやすさ | ★★★★★ |
|---|---|
| 購入のしやすさ | ★★★★★ |
| 成長の速度　早い | 大きさ　小 |

暑さ寒さに強く、とても丈夫で育てやすい。サイズが小さいため小型の容器でも使いやすい

### ベゴニア リケノラ

*Begonia lichenora*

| 育てやすさ | ★★★ |
|---|---|
| 購入のしやすさ | ★★★ |
| 成長の速度　早い | 大きさ　中 |

這い性タイプのベゴニア。小さな丸い葉が可愛らしい。寒さに弱いので冬の管理に注意が必要

### マルクグラビア ウンベラータ

*Marcgravia umbellata*

| 育てやすさ | ★★★ |
|---|---|
| 購入のしやすさ | ★★★ |
| 成長の速度　普通 | 大きさ　中 |

熱帯のつる性植物として人気の種類。付着根で流木や壁面を這い上がるように成長する

### ミクロソリウム リングイフォルメ

*Microsorum linguiforme*

| 育てやすさ | ★★★ |
|---|---|
| 購入のしやすさ | ★★★ |
| 成長の速度　普通 | 大きさ　中 |

東南アジア原産のつる性シダ植物。原生地を再現するレイアウトに使いたい

### ラフィドフォラ ハイ

*Rhaphidophora hayi*

| 育てやすさ | ★★★ |
|---|---|
| 購入のしやすさ | ★★★ |
| 成長の速度　普通 | 大きさ　中 |

肉厚のしっかりとした葉。湿度の低い環境でも育つため、壁面上部にもレイアウトしやすい

## その他の植物

着生ランやカラフルな色合いのフィットニアなど、ワンランク上のテラリウムをデザインしたいときに活用できる植物を紹介します。

### アヌビアス ナナ

*Anubias barteri* var. *nana*

育てやすさ ★★★★

購入のしやすさ ★★★★★

成長の速度 普通 ／大きさ 中

水中でも陸上でも育てることができるため、アクアテラリウムのような水のあるレイアウトに使用しやすい

### ディネマ ポリブルボン

*Dinema polybulbon*

育てやすさ ★★★★

購入のしやすさ ★★★

成長の速度 普通 ／大きさ 中

黄色い小さな花を咲かせる小型の着生ラン。丈夫で初心者向き。流木に着生させて使用するのに適している

### ヒメセキショウ

*Acorus gramineus*

育てやすさ ★★★★★

購入のしやすさ ★★★★

成長の速度 普通 ／大きさ 中

縦のラインを活かしたデザインに重宝する。大株の場合には、細かく株分けして使用する

### ヒメユキノシタ

*Saxifraga stolonifera*

育てやすさ ★★★★

購入のしやすさ ★★

成長の速度 普通 ／大きさ 小

ユキノシタの小型種。石の隙間などにも植え付けることができる

### フィットニア

*Fittonia albivenis*

育てやすさ ★★★

購入のしやすさ ★★★★

成長の速度 早い ／大きさ 中

白、赤、ピンクなどカラフルな葉が楽しめる。ジュエルオーキッドと合わせてポップな色合いの作品に仕上げたい

### メディオカルカ デコラタム

*Mediocalcar decoratum*

育てやすさ ★★★★

購入のしやすさ ★★★

成長の速度 普通 ／大きさ 中

オレンジ色の小さい花を咲かせる小型の着生ラン。丈夫で初心者向き。流木に着生させて使用するのに適している

### コケを組み合わせて和風にアレンジ

盆栽鉢にジュエルオーキッドを植えてコケを組み合わせると、和風のアレンジになる。鉢植えでコケを組み合わせる場合には、テラリウム用ソイルで植え付けるとよい。コケの植え方はP.42～参照。

育てたい・
愛でたい種類が
きっと見つかる

CHAPTER 3

# ジュエルオーキッド図鑑

葉が美しいランの総称、ジュエルオーキッド。
本書では大きく４つのタイプに分けて紹介。
種類によって育て方や適正環境が異なるので、必ず確認しましょう。

監修／太田垣光洋（The GAKI）

## 【図鑑の見方】

ジュエルオーキッドのタイプ

**基本種**：原種のジュエルオーキッドを基本種として区分けしている

**ハイブリッド種**：種間交配（異なる種同士の交配）、属間交配（異なる属同士の交配）によって生み出された新しい種類

**日本産**：沖縄や東京の島しょ部など南の島に自生している日本産の種類

**斑入り**：本来の葉の模様とは異なる、白などの別の色が入った種類

【1｜基本種】

ミクロキルス　トリダックス‘グリーン’

*Microchilus tridax 'Green' from Ecuador (Invoice)*

ラン科Microchilus属

深い緑色の葉にシルバーのスポットが煌めく

グアテマラ、ベリーズ、ホンジュラス、コスタリカなどの標高50～1,900m付近に自生。写真はエクアドル産として入手した株を選抜して親としたもの。徒長はしにくいが湿度が高すぎると節間が開くので、適度に換気した方が綺麗に仕上がる。

育てやすさ　★★★★
購入のしやすさ　★
成長の速度　早い
大きさ：15cm程度
原産地：中央アメリカ
適温：15～25℃
花：8mm程度、夏から秋

**和名**：日本国内で使用される標準的な名前

**学名**：ラテン語。世界中で共通する名前

**科名・属名**：その種類が分類される科と属

**データ部分**：栽培や入手の難易度、成長の速度や大きさの目安、原産地や栽培時の適温など。花は大きさと開花期を紹介

**解説**：おもな特徴や栽培時のポイントなど

※大きさや適温などのデータ部分は目安。また学名、科名・属名などは研究の進歩によって変更される場合がある。

# マコデス ペトラ

*Macodes petola*

**ラン科Macodes属**

マコデス ペトラ

## きらめく葉脈のバリエーションが豊富な ジュエルオーキッドの代表種

東南アジアから東アジア（ボルネオ、ジャワ、マレーシア、スマトラ、フィリピン、日本の西表島）の標高100～1500m付近に自生する。加湿管理も常湿管理も比較的容易で初心者におすすめ。葉焼けしやすいので光は弱めにする。大理石状の模様の出方にはバリエーションがあり、'プラチナム'はネオンカラーのような色合いの葉脈が特徴。

| | |
|---|---|
| 育てやすさ | ★★★★ |
| 購入のしやすさ | ★★★★★ |
| 成長の速度 | 普通 |

大きさ：15cm程度（種類による）
原産地：東南アジアから東アジア
適温：15～25℃
花：8mm程度、冬から春

マコデス ペトラ 'プラチナム'

## マコデス サンデリアーナ

*Macodes sanderiana*
ラン科Macodes属

### ライトグリーンの葉の縁が明るく波打つ

スマトラ島、小スンダ列島、パプアニューギニア、ソロモン諸島、バヌアツの標高350～800m付近に自生。葉焼けしやすいので弱い光で管理すること。通気がある方が綺麗に仕上がるので換気して空気を動かすようにする。

育てやすさ ★★★★
購入のしやすさ ★★★★
成長の速度 普通
大きさ：15cm程度
原産地：東南アジア
適温：15～25℃
花：8mm程度、冬から春

## アスピドギネ アルゲンティー

*Aspidogyne argentea*
ラン科Aspidogyne属

### ビロード状の葉の中心にシルバーのラインが輝く

南米（南東ブラジル、パラグアイ、アルゼンチン）の標高500m付近に自生。成長が早いので伸びたら深く植え直す。しっかり通気すると節間が詰まり美しい見た目に育つ。葉焼けしやすいので弱めの光を長時間当てるとよい。

育てやすさ ★★★★★
購入のしやすさ ★★★★
成長の速度 早い
大きさ：15～20cm
原産地：南アメリカ
適温：15～30℃
花：5mm程度、冬から春

## ミクロキルス トリダックス‘グリーン’

*Microchilus tridax 'Green' from Ecuador (Invoice)*
ラン科Microchilus属

### 深い緑色の葉にシルバーのスポットが煌めく

グアテマラ、ベリーズ、ホンジュラス、コスタリカなどの標高50～1,900m付近に自生。写真はエクアドル産として入手した株を選抜して親としたもの。徒長はしにくいが湿度が高すぎると節間が開くので、適度に換気した方が綺麗に仕上がる。

育てやすさ ★★★★
購入のしやすさ ★
成長の速度 早い

大きさ：15cm程度
原産地：中央アメリカ
適温：15～25℃
花：8mm程度、夏から秋

## シストーチス ステノグロッサ

*Cystorchis stenoglossa*
ラン科Cystorchis属

### ビロードの質感の赤褐色の葉にピンクの縁取り

北スマトラの標高約670～1000m付近に自生する。比較的丈夫で、基本のジュエルオーキッドの育て方で栽培できる。強めの光でも葉焼けしにくい。ビロードのような質感と赤褐色の色彩の組み合わせが玄人好み。

育てやすさ ★★★★
購入のしやすさ ★★
成長の速度 普通

大きさ：15cm程度
原産地：東南アジア
適温：15～25℃
花：5mm程度、不明

## アネクトキルス ロビアーナス

*Anoectochilus lobbianus*

ラン科Anoectochilus属

アネクトキルス ロビアーナス‘モアペチ’

### はっきりとした中心部の斑と赤い葉脈が映える

ベトナムはカオバンのジュエルオーキッド。光量は強い方が赤みが増すが、光が強すぎると葉が巻くことがあるので、弱い光を長時間当てるのがよい。黒葉で赤脈、真ん中に銀の極太主脈が入り、とても美しい。

育てやすさ ★★

購入のしやすさ ★★★

成長の速度 早い

大きさ：10cm程度
原産地：東南アジア
適温：15〜25℃
花：1cm程度、不定期

## ブリダグジネア トリストリアータ

*Vrydagzynea* cf. *tristriata*

ラン科Vrydagzynea属

### 濃緑の葉に赤いラメの3本の葉脈が特徴的

タイ、マレーシア、ボルネオ、カリマンタン島の標高300〜800m、川が近い石灰岩地底の森林内に分布。基本種の葉には3本のラインが入るため種名に3を表す‘トリス’が使われる。水苔に多少の石灰を混ぜて管理する。

育てやすさ ★★

購入のしやすさ ★★

成長の速度 普通

大きさ：10cm程度
原産地：東南アジア
適温：15〜25℃
花：5mm程度、春

## ロンボダ sp.（ゼウクシネ sp.）

*Rhomboda* sp. *Kalimantan*（*Zeuxine* sp. *Kalimantan*）
ラン科Rhomboda属

### 黒色の葉と葉脈や茎の赤色の対比が目を引く

カリマンタン産のRhomboda sp.として入手した個体。キヌラン属（Zeuxine属）に近い花が咲く。黒色のビロードの葉がとても綺麗だがキラキラすることはない。花がよく咲き、脇芽の更新も早く、とてもふえやすい種類。

育てやすさ ★★★★
購入のしやすさ ★
成長の速度　早い
大きさ：10cm程度
原産地：東南アジア
適温：15～25℃
花：5mm程度、不定期

## ドッシニア　マルモラータ

*Dossinia marmorata*
ラン科Dossinia属

### 赤紫の葉脈は中心のみ緑色に輝く

ボルネオ島の標高400m付近に分布。落ち葉やコケのある石灰岩の上に生育する。現在のところ一属一種とされるDoss. marmorataだが花が逆さまに咲く個体も混在している。通気をして管理をすることで徒長を抑えられる。

育てやすさ ★★★★★
購入のしやすさ ★★★
成長の速度　ゆっくり
大きさ：20cm程度
原産地：東南アジア
適温：15～30℃
花：8mm程度、夏から秋

## アネクトキルス ローウィ

*Anoectochilus lowii*

ラン科Anoectochilus属

### 初心者にも育てやすい濃緑の葉に銀脈の種

東南アジア原産の、緑がかった葉に銀脈の入るジュエルオーキッド。栽培は比較的容易で初心者向き。Anoectochilusの中では成長も穏やかなので、植え替え頻度が少なくても綺麗に育ちやすい。

育てやすさ ★★★★★

購入のしやすさ ★★★

成長の速度　ゆっくり

大きさ：15cm程度
原産地：東南アジア
適温：15～25℃
花：1.5cm程度、夏

## アネクトキルス サイアメンシス

*Anoectochilus siamensis*

ラン科Anoectochilus属

アネクトキルス サイアメンシス $F_1$実生選抜株

### 鮮やかな緑の葉に太い葉脈が目を引く

タイの標高1300～1650m付近に自生する。写真は$F_1$実生選別株。鮮やかな緑色の肉厚な葉に、太い葉脈が個性的なジュエルオーキッド。とても丈夫な種類で、常湿管理でも美しく育ちやすい。

育てやすさ ★★★★★

購入のしやすさ ★★★

成長の速度　普通

大きさ：20cm程度
原産地：東南アジア
適温：15～25℃
花：不明

## ルディシア ディスカラー

*Ludisia discolor*

ラン科Ludisia属

写真の株は選別品

### 葉や葉脈の色、太さのバリエーションが豊富

中国、ミャンマー、ラオス、ベトナム、ボルネオ、フィリピンなどの標高70～1100m付近に自生。一属一種とされるLudisia属だが色や脈の太さ等、様々なバリエーションがある。多湿環境が苦手なため、常湿管理の方が育てやすい。

| | |
|---|---|
| 育てやすさ | ★★★★★ |
| 購入のしやすさ | ★★★ |
| 成長の速度 | 普通 |

大きさ：20cm程度
原産地：東南アジア
適温：15～30℃
花：1.5cm程度、冬

## グッディエラ ロステラータ

*Goodyera rostellata*

ラン科Goodyera属

### 葉と葉脈の輝くグラデーションを楽しめる

ボルネオの標高500～2700mと、標高的にも広範囲に自生するためか、比較的暑さにも寒さにも強い。花終わりからの脇芽の更新も比較的スムーズ。葉焼けしやすいため、弱めの光で育てる方がよい。

| | |
|---|---|
| 育てやすさ | ★★★ |
| 購入のしやすさ | ★★★ |
| 成長の速度 | とても早い |

大きさ：20cm程度
原産地：東南アジア
適温：15～30℃
花：5mm程度、夏から秋

## グッディエラ　ヒスピダ

*Goodyera hispida*
ラン科Goodyera属

### 細葉に輝くラメ状の葉脈に目を奪われる

インド、ブータン、タイ、マレーシアなどの標高150～2200m付近に自生するため、暑さにも寒さにも比較的強い。ロステラータと違い光にはそこまで敏感ではないので、アネクトキルスと同じぐらいの光量で育てても問題はない。

育てやすさ　★★★★★
購入のしやすさ　★★★
成長の速度　早い

大きさ：15cm程度
原産地：東南アジア
適温：15～30℃
花：5mm程度、夏から秋

## グッディエラ　プシラ

*Goodyera pusilla*
ラン科Goodyera属

### 漆黒の葉にピンク色のラメ状の輝きを放つ葉脈

海外文献では東南アジアの標高300～1300mに自生とされるが、暑さと蒸れに弱いので注意が必要。葉脈の赤みを引き立たせるには、暗めのライトを使い、葉の黒色をしっかりと出すとコントラストでより鮮やかなピンク色に仕上がる。

育てやすさ　★
購入のしやすさ　★
成長の速度　普通

大きさ：15cm程度
原産地：東南アジア
適温：15～20℃
花：2mm程度、夏から秋

# アネクトキルス ロクスバギー

*Anoectochilus roxburghii*

**ラン科Anoectochilus属**

アネクトキルス ロクスバギー‘サンライト’

## 輝く精緻なデザインの葉脈と葉の色を楽しむ

ネパール、ブータン、タイ、中国の雲南省、ジャワ島などの標高 300～1800mに自生。「サンライト」は黒葉に赤脈、銀からクリーム色の極太主脈が印象的。多湿を嫌うので適度に通気を心がける。
「ゴールドベインタイプ」はマスクメロンの様な細かな脈がこの上なく美しい。丈夫で育てやすいが、成長がとても早いので小まめな植え替えが必要。

| | |
|---|---|
| 育てやすさ | ★★★★★ |
| 購入のしやすさ | ★★★★ |
| 成長の速度 | 早い |

大きさ：15cm程度
原産地：東南アジア
適温：15～25℃
花：1.5cm程度、夏から秋

アネクトキルス ロクスバギー ゴールドベインタイプ

## アネクトキルス アルボリネアタス

*Anoectochilus albolineatus*

**ラン科Anoectochilus属**

アネクトキルス アルボリネアタス'ノック'

鮮やかな色合い、茎も太く美しいため、ネームド個体（個体固有の名前）になった

### オレンジピンクの葉脈が華やかに輝く

ミャンマー、タイ、マレーシアの標高700～1850mに自生。写真はタイのナコンシータマラット産。下の方の節間が伸びる性質が強いので、伸びてきたら下葉をカットして深植えにするか、または匍匐させるとよい（P.25参照）。

| | |
|---|---|
| 育てやすさ | ★★★ |
| 購入のしやすさ | ★★★ |
| 成長の速度 | 早い |

大きさ：15cm程度
原産地：東南アジア
適温：15～25℃
花：1.5cm程度、冬から春

## アネクトキルス ゲニキュラータス

*Anoectochilus geniculatus (Invoice)*

**ラン科Anoectochilus属**

### 深緑の葉に輝く脈のコントラストが美しい

ミャンマー、タイ、ボルネオなどの標高600～1100mに自生。深緑の丸葉で鮮やかな赤脈の平行脈が美しい、世界らん展2013由来の個体。Anoectochilusの中では葉焼けしやすい性質があるので、弱い光でじっくり育てるとよい。

| | |
|---|---|
| 育てやすさ | ★★★★★ |
| 購入のしやすさ | ★ |
| 成長の速度 | 普通 |

大きさ：15cm程度
原産地：東南アジア
適温：15～25℃
花：不明

## アネクトキルス トリデンタタス

*Anoectochilus tridentatus* (Invoice)

ラン科 Anoectochilus属

### 銀からピンク色の葉脈の輝きが麗しい

グレーよりの黒葉に、縁には軽いフリル、銀からピンク色の脈が非常に美しい。ここ数年で流通したばかりで不明な点が多く、今後名前が変わる可能性がある。過湿は嫌う傾向があり、適度に通気をとってあげるとよい。

育てやすさ ★★★★

購入のしやすさ ★★★

成長の速度　早い

大きさ：15cm程度
原産地：東南アジア
適温：15～25℃
花：不明

属名 sp.（特徴 RedVein/Silver Vein 等）+Type1.Type2 等の個体は、属名しかわかっておらず今後開花を見て種名が判明する可能性がある仮の名称。

## アネクトキルス 'レッドベイン' タイプ2

*Anoectochilus* sp. *'Red Vein' Type2*

ラン科 Anoectochilus属

### 丸みのある葉にフリルの縁の可憐さが魅力

深緑の葉にフリルが入り、女性に人気があるかわいらしい個体。アネクトキルスは節間が伸びる個体が多いが、こちらは徒長しづらく管理もしやすい。

育てやすさ ★★★

購入のしやすさ ★★

成長の速度　早い

大きさ：15cm程度
原産地：東南アジア
適温：15～25℃
花：不明

## アネクトキルス バーマニカス

*Anoectochilus* cf. *burmannicus*

ラン科 Anoectochilus属

### 濃緑の葉にランダムな葉脈、白縁が印象的な大型種

中国、ヒマラヤ、タイ、マレーシアなどの標高400～1400mに自生。Anoectochilus属最大種ともいわれる、非常に大型な種類で真っ黄色の花を咲かせる。何年も育成していると地下茎がとても長くなるので、鉢増ししていくとよい。

育てやすさ ★★★

購入のしやすさ ★★

成長の速度　普通

大きさ：20cm程度
原産地：東南アジア
適温：15～25℃
花：2cm程度、冬から春

## アネクトマリア 2022Type〔GK22－003〕

*Anoectomaria 2022 Type [GK22-003](Anct. roxburghii Variegata × Lus. discolor Thick Vein Type [GK20-014])*

ラン科Anectomaria属

### 黒葉に太い葉脈の斑がまばゆい交配種

主脈斑ルディシア（父）と、主脈斑ロクスバギー（母）との属間交配種。主に太い主脈斑、黒葉の株をメインに選別したもの。葉の色や脈の色、白脈、赤脈、細葉、丸葉、などの個体差がある。

| | |
|---|---|
| 育てやすさ | ★★★★★ |
| 購入のしやすさ | ★ |
| 成長の速度 | 普通 |

大きさ：15cm程度
適温：15～25℃
花：1.5cm程度、不定期

## ルドキルス‘ポーリー’

*Ludochilus 'Poly' (Anct. formosanus Polyploid × Lus. discolor Lightning)*

ラン科Ludochilus属

### 緑の細葉に輝く白の葉脈が美麗な交配種

キバナシュスランとホンコンシュスランの属間交配種。緑色の肉厚な細葉に、白色の脈がビッシリ入ってとても魅力的。徒長することも少ないので、作品も綺麗に仕上がりやすく、強靭な種類。

| | |
|---|---|
| 育てやすさ | ★★★★★ |
| 購入のしやすさ | ★★ |
| 成長の速度 | 早い |

大きさ：15cm程度
適温：15～25℃
花：1.5cm程度、不定期

## マコデス サンデリアーナ×マコデス ペトラ

*Macodes sanderiana × Macodes petola*

ラン科Macodes属

### 明るいグリーンの葉に端麗な葉脈が輝く交配種

マコデス サンデリアーナとマコデス ペトラの種間交配種。比較的葉のサイズは大型になり、グラデーションがかかった様な脈がとても魅力的な株。やや葉焼けしやすい性質があるので、弱めの光で育てるとよい。

育てやすさ ★★★★★

購入のしやすさ ★★

成長の速度 普通

大きさ：15cm程度
適温：15～25℃
花：1cm程度、不定期

## アネクトキルス ハイブリッド

*Anct.* sp. *'Nan Red Vein'* × *Anct. siamensis 'White Center'*

ラン科Anectochilus属

### 幅広の葉に赤い葉脈が存在感を放つ交配種

アネクトキルス同士の種間交配種で、特に強い赤い葉脈が出ることが多い。栽培法はアネクトキルスとほぼ同じ。とても成長が早く下の節間が伸びやすいので、定期的に深植えすると根張りもよくなり仕上がりも充実する。

育てやすさ ★★★★★

購入のしやすさ ★★★

成長の速度 早い

大きさ：15cm程度
適温：15～25℃
花：1.5cm程度、不定期

## アネクトキルス ハイブリッド

*Anoectochilus Hybrid*（*Anct. koshunensis* × *Anct. siamensis*）
ラン科Anectochilus属

### バランスの取れた美しさを鑑賞できる交配種

コウシュンシュスランとサイアメンシスの種間交配株。深い緑色の葉に、赤みのある脈、派手すぎない主脈がとても美しい。育成は容易な方だが、他のアネクトキルスと同様に定期的に深植えすると一層綺麗に仕上がる。

育てやすさ ★★★★★
購入のしやすさ ★★★
成長の速度　早い

大きさ：15cm程度
適温：15～25°C
花：1.5cm程度、不定期

## ドッシシア‘ドミニィ ジュディー’

*Dossisia 'Dominyi Judy'*（*Lus. discolor* × *Doss. marmorata* var. *dayii*）
ラン科Dossisia属

### 太い茎と肉厚な葉がタフな印象の強健な交配種

ホンコンシュスランとドッシニア・マルモラータの属間交配種。とても太い茎と肉厚な葉で、他にはなかなか見ない色合いの葉や葉脈のなんともいえないカッコよさがある。キラキラした印象は少ないものの、とても丈夫な種類。

育てやすさ ★★★★★
購入のしやすさ ★★
成長の速度　ゆっくり

大きさ：15cm程度
適温：15～25°C
花：1.5cm程度、不定期

## ルドキルス‘シータートル’

*Lus. discolor* var. *nigrescens* × *Anct. formosanus*
ラン科Ludochilus属

### 艶めく葉に銀葉脈が光る「ウミガメ」の名の交配種

ホンコンシュスランとキバナシュスランの属間交配種。黒い葉に銀の平行脈が美しい。茎が太く縦に大きくなるので、ケースの中より常湿で大きく育てる方が綺麗に育つ。盆栽鉢など広い容器で自由に匍匐させて育ててもよい。

- 育てやすさ ★★★★★
- 購入のしやすさ ★★
- 成長の速度 早い
- 大きさ：20cm程度
- 適温：15～25℃
- 花：1.5cm程度、不定期

## ルドキルス 台湾便

*Anct. siamensis Net Veins* × *Lus. discolor ‘EQ’*
ラン科Ludochilus属

### 赤みのある葉脈がエキゾチックな台湾由来の交配種

アネクトキルス・サイアメンシスとホンコンシュスランの属間交配種。大きくなりそうな交配だが、成長速度はそこまで早くない。丈夫で育てやすいため、ゆっくりと成長しながらカッコよく仕立てて長く付き合える。

- 育てやすさ ★★★★★
- 購入のしやすさ ★★
- 成長の速度 普通
- 大きさ：20cm程度
- 適温：15～25℃
- 花：1.5cm程度、不定期

## アネクトデス ＃649

*Anct. siamensis ‘WhiteCenter’* × *Mac. petola*
ラン科Anoectodes属

### 他にはない葉と葉脈の色合いが妖艶な交配種

アネクトキルス サイアメンシスとマコデス ペトラの属間交配種。他にはない妖美な色合いで、とても魅力的な種。栽培は比較的容易で、常湿でもケース管理でも育てやすい。伸びてきたら深植えして発根促進してあげると綺麗に育つ。

- 育てやすさ ★★★★★
- 購入のしやすさ ★★
- 成長の速度 普通
- 大きさ：20cm程度
- 適温：15～25℃
- 花：2cm程度、冬から春

## ベニシュスラン

*Goodyera biflora*
ラン科Goodyera属

### 古来より愛される繻子のような緑葉の姿

緑色のビロード（繻子）状の葉に銀の脈が入る、日本の宝の宝石蘭、ベニシュスラン。ミヤマウズラとは違い、茎や葉柄に紅色が少し入るのが特徴。葉だけでなく、花も淡紅色が非常に美しい。ミヤマウズラより多少水分を必要とする。

育てやすさ ★★★★
購入のしやすさ ★★★★★
成長の速度 普通

大きさ：15cm程度
原産地：日本
適温：5～30℃
花：3cm程度、夏

## アケボノシュスラン

*Goodyera foliosa* var. *laevis*
ラン科Goodyera属

### 明けゆく空の花色をもつシュスラン

アケボノシュスランは葉にはっきりとした模様は入らず、3本の葉脈がある。ベニシュスランの花と比べて小型の薄ピンク色のかわいらしい花が咲く。ベニシュスランよりさらに水を好む傾向があるが、蒸れには注意する。

育てやすさ ★★★★
購入のしやすさ ★★
成長の速度 普通

大きさ：15cm程度
原産地：日本
適温：5～30℃
花：1cm程度、夏

## ミヤマウズラ

*Goodyera schlechtendaliana*

ラン科Goodyera属

### 卵型の葉に網目状の斑紋の姿が目を引く

ウズラの羽根のような模様がとても美しく、「錦蘭」の名で古くから愛好家に珍重される。斑入り種など葉の模様にバリエーションが豊富。涼しい置き場所、遮光、ナメクジ等の発生予防などの工夫をすれば、通年屋外管理でも栽培可能。

| | |
|---|---|
| 育てやすさ | ★★★★★ |
| 購入のしやすさ | ★★★★ |
| 成長の速度 | 普通 |

大きさ：15cm程度
原産地：日本
適温：5～30℃
花：1cm程度、夏

## ヒメミヤマウズラ

*Goodyera repens*

ラン科Goodyera属

### 明るめの緑の葉に葉脈が際立つ

ミヤマウズラと比べ葉は小型で脈がしっかり入り、小さな白色の花が咲く。中部地方以北および大台ヶ原と北海道の標高1500～2000m付近の亜高山帯に分布する。非常に自生範囲が狭いため、自生地の保全が望まれる。

| | |
|---|---|
| 育てやすさ | ★ |
| 購入のしやすさ | ★★★ |
| 成長の速度 | とてもゆっくり |

大きさ：15cm程度
原産地：日本
適温：5～30℃
花：5mm程度、夏

# 斑入りマコデス ペトラ

*Macodes petola 'Variegata'*

ラン科Macodes属

同じ斑入りでも、個体により斑の出方はさまざま

### まばゆい斑入りを選びながら育てる楽しみも

マコデスの斑入りは、現段階ではまだよくも悪くも、なかなか斑が安定していない。急によくなったり、薄くなったりすることがある。よい斑芸（葉に出現する全ての模様）がしっかり出ている節から出た脇芽は、その形質を遺伝しやすい。成長点をカットし、斑が入った葉が展開している節の部分から脇芽を伸ばしてあげるなど、人為的にコントロールしながら育てるのも楽しみのひとつ。

| | |
|---|---|
| 育てやすさ | ★★★ |
| 購入のしやすさ | ★ |
| 成長の速度 | ゆっくり |

大きさ：15cm程度
原産地：東南アジア
適温：15～25℃
花：不明、冬から春

## 斑入りカゴメラン

*Goodyera hachijoensis* var. *matsumurana*

ラン科Goodyera属

### 葉の縁に沿って斑が入る覆輪が印象的

先祖返りはし難いものの、覆輪になったり斑の面積が大きくなったりと、よい意味で荒ぶれやすい。沼地にも自生するぐらいなので、水やりはたっぷりと。急な環境変化で葉焼けしやすい面もあるため、いきなり強光に当てないよう注意する。

育てやすさ ★〜★★★

購入のしやすさ ★

成長の速度 普通

大きさ：20cm程度
原産地：日本
適温：10〜30℃
花：不明、夏から秋

## キバナシュスラン 中透斑

*Anoectochilus formosanus* 'Variegata'

ラン科Anoectochilus属

### あまりの存在感を放つ斑に誰もが目を奪われる

多種多様な斑がみられるが、比較的安定して斑が継続しやすい。キバナシュスランは高温にもかなり強い種だが、過度な加湿を嫌がるので、適度な通気をとってあげるか常湿で栽培するとよい。

育てやすさ ★★★

購入のしやすさ ★★

成長の速度 普通

大きさ：20cm程度
原産地：東南アジアから東アジア
適温：15〜30℃
花：1.5cm程度、冬から春

## 斑入りアネクトキルス ロクスバギー

*Anoectochilus* cf. *roxburghii* 'Variegata'

ラン科Anoectochilus属

### 独特な色合いと斑が妖艶さを醸し出す

他にはなかなか見られない斑の入り方でとても人気が高い。育成も比較的容易だが、他のアネクトキルスと比べ発根があまりよくないのでじっくり育てる。環境を変えるときは、根からの水分の吸収量が適正か株の様子を見ながら行う。

育てやすさ ★★★

購入のしやすさ ★

成長の速度　普通

大きさ：15cm程度
原産地：東南アジア
適温：15～25℃
花：1.5cm程度、夏から秋

## ベニシュスラン 黄覆輪

*Goodyera biflora Variegata*

ラン科Goodyera属

ベニシュスラン 砂子斑
緑の葉に金色～白色の斑がちりばめられる

### 楚々とした美しさに黄の覆輪がアクセント

緑色の葉に、黄色の覆輪、よく見ると葉脈がキラキラと光っている。環境を整えれば、通年屋外管理も可能。ケースで育てる場合、湿度が高すぎると徒長する傾向があるので、換気しながら環境を整えていくとよい。

育てやすさ ★★★★

購入のしやすさ ★★★

成長の速度　早い

大きさ：15cm程度
原産地：日本
適温：5～30℃
花：2.5cm程度、夏

# 斑入りミヤマウズラ

*Goodyera schlechtendaliana Variegata*

ラン科Goodyera属

ミヤマウズラ 中透斑

ミヤマウズラ 縞子葉。葉の平行脈に沿って、縞状に斑が入るのが特徴的

## 多種多様な葉色、斑を堪能できる

ミヤマウズラ 中透斑は、大きく中に白色からクリーム色の中透斑が入る種類で、他のミヤマウズラよりやや小型な印象。ミヤマウズラは環境を整えれば、通年屋外での管理も可能。ケースで育てる場合、湿度が高すぎると徒長する傾向があるので、換気しながら環境を整えていくとよい。

| | |
|---|---|
| 育てやすさ | ★★★★ |
| 購入のしやすさ | ★★★ |
| 成長の速度 | 普通 |

大きさ：15cm程度
原産地：日本
適温：5～30℃
花：1cm程度、夏

ミヤマウズラ 純白。斑は白い部分が多いほど栽培は難しい傾向があるので弱光で育成を。育てやすさ、購入のしやすさはともに★★

先輩ジュエラーに聞こう!

# ジュエルの愛で方・育て方

ジュエルオーキッドの魅力にとりつかれ、愛情を注ぎ込む愛好家たち。
どのようにジュエルを崇め育てているのか、飽くなき探求心と偏愛ぶりを語ってもらいました。

※栽培歴はすべて2025年1月時点のもの

先輩ジュエラー 01

## 福永哲也さん

地域：東京都大田区
栽培環境：室内・LED照明・24時間エアコン管理

## 見たことのない表現型に出会える、ジュエルの魅力

Xのアカウント

一番お気に入りのジュエルオーキッド　マコデス サンデリアーナ（写真上）。無肥料で太く育ったジュエルオーキッド。切り戻しながらバランスよく育てている（写真左）

福永さんのジュエルオーキッドの栽培歴は約10年。7属100株以上育てています。ジュエルオーキッドにハマったきっかけはマコデス サンデリアーナを見たとき、マコデス ペトラと比べて、エメラルドグリーンで深みがあって、まさに宝石蘭のイメージだったこと。まだまだ他の種があって奥が深そうだなと感じたといいます。

水苔を敷いてジュエルを並べているのは、100円ショップで購入したケース。下に敷いた水苔に水を含ませて、ケース内湿度を保ち、鉢内の水苔は濡らしすぎないようにしています。肥料を施して早く大きくしようとすると、病気にかかりやすくなると感じていて、ほぼ無肥料で育てています。

らん展などで購入できる海外からの輸入苗は、導入して1か月くらい経った頃に枯れやすく、注意が必要です。一番の病気対策はよく観察すること。初期症状であれば、病気が出ているところを切り離して、植え直すことで助かる場合もあります。

最初は個体差のある原種を集めるところから、次に交配種、属間交配種と見たことのない表現型がふえていきます。ジュエルオーキッドはまさにこれからの植物、と熱く断言しています。

100円ショップのプラスチック製のシューズケース（1個300円）を栽培容器として利用している

メタルラックに調光のできるLED照明を取り付けた栽培棚。マコデス、ドッシニア、アネクトキルス、シストーチス、グッディエラ、ミクロキルスなど

導入初期に病気や虫が入らないようにするのが肝心。病気と虫に効く、ベニカXファインスプレーを使用

先輩ジュエラー
02

## シシゼロさん

地域：愛知県日進市
栽培環境：室内・LED照明・24時間エアコン管理

Xのアカウント

自宅の栽培棚。メタルラックにLED照明をつけて管理している

# 育てていることを実感できる水やり 浴室で一緒にシャワーを浴びる

50種以上、約1,000株育てているシシゼロさんの栽培歴は約6年半。爬虫類のイベントでマコデス ペトラに出会ったのがきっかけです。この世のものとは思えないくらい、葉脈がキラキラしていることが印象に残ったといいます。水苔ではなく、独自配合の混合用土で育てているのが特徴的。その一番の理由は、水やりをすることで育てている感を味わえる点です。浴室で水やりして、一緒にシャワーを浴びながら鑑賞も。「浴槽に植物を持ち込むのを妻から物凄く怒られています」と語ります。他にも濡れると土の色が変わるため、水やりのタイミングを客観的に判断できたり、水苔よりも安いなどのメリットがあります。

購入したジュエルオーキッドは、どんな環境で育っていたか調べるため、まず密閉容器で隔離して一定期間栽培。その後、徐々に半密閉容器、開放容器に変えて室内の環境に馴らしていきます。馴らすのに半年から1年ほど時間をかけているといいます。

エアコンを使用して管理しているため、季節や気温の変化による病気は軽減されました。ただし、梅雨時期、真夏は特に病気の発生に注意しています。環境設定以外の対策は、できるだけ綺麗な用土を使うこと。そのため、殺菌剤は病気の株が出るまで一切散布をせずに済んでいます。

一番お気に入りのジュエルオーキッド、ミクロキルス トリダックス

独自配合の混合用土（ベラボン、もみ殻燻炭、バーミキューライト、パーライト、ピートモスを配合）で育てている

数種類のジュエルオーキッドを寄せ植えにして、省スペースで過密栽培できるようにしている（写真上） 透明容器を使用すれば、土の乾き具合を確認しやすい（写真下）

先輩ジュエラー

03

## インテレッセさん

地域：香川県高松市
栽培環境：室内・LED照明・24時間エアコン管理

Xのアカウント

特にお気に入りの種類はマコデス ペトラ‘プラチナム’

# こまめな空気の入れ換えと水苔交換が美しさのポイント

レイアウトに組み込んだジュエルオーキッド（容器：DOOA製SHIZUKU）

パルダリウム作品がずらりと並ぶ栽培棚（写真上）
レプタイルケージで管理しているジュエルオーキッド（写真下）

インテレッセさんのジュエルオーキッド栽培歴は約3年。25種30株を育てています。雑誌『ADAアクア・ジャーナル』で初めてマコデス ペトラに出会い、稲妻の様な葉脈に衝撃を受けました。ジュエルオーキッドは葉脈の美しさ、種類の多さ、入手のしやすさが魅力と語ります。

栽培のコツとして、こまめな空気の入れ換えが挙げられます。毎時15分間、レプタイルケージ上部のメッシュ部からファンを回して空気を流しているといいます。また、水苔はシーズンごと（年4回）に全交換しています。本人曰くサボり癖があり、何度も根を確認せず手遅れになったことがあったとか。最低でも「このタイミングで交換する」と決めていれば、そこで根の確認ができて、根傷み等の被害を最小限に抑えることができると発案しました。さらに、この水苔交換のタイミングで、肥料としてマグアンプを使用することが多いそう。他には、侘び草ミストを3日に一度くらいのタイミングで使用しています。

現在のレイアウト（写真左）は、10か月維持しており、比較的上手く育てやすい印象を感じています。レイアウトを作る時も小さな素材で組めるため、リーズナブルに作れるのもメリット。湿度を高めに保っていてもカビが発生したことはないそうです。容器側面の空気穴がよい感じに作用しているのかもしれない、と分析しています。種類によって光量や湿度などの育成環境が変わるため、同じケージ内で複数種をまとめて管理するのがやや難しいと感じているものの、種類の多さ、美しい葉の多様さに魅せられています。

先輩ジュエラー
04

## _peas.4さん

地域：徳島県名西郡
栽培環境：室内・LED照明・エアコン管理（夏・冬のみ）

Xのアカウント

一番のお気に入り、シストーチス sp. Papua（Eurycentrum sp.）

栽培棚はメタルラック、照明はLEDを使用

# ジュエルに合った育成環境を手探りで追求、花も楽しむ

ジュエルオーキッドの栽培歴は約5年。75種200株ほど育てている_peas.4さん。テラリウム用の植物を近所の園芸店に買いに行った際に、マコデス サンデリアーナとルディシア ディスカラーを購入したことが、育て始めたきっかけです。ジュエルオーキッドはまだ明確な育成条件がわかっていないため、育成環境を手探りで見つけて、大株まで育ったときや花が咲いたときに感動するといいます。

育成過程では、茎が太くなるまでは鉢内で茎を寝かせて発根を促し、根を長く伸ばすことを意識しています。枯れた葉をむしり取ると、茎の付け根から病気が入って腐りやすいため、傷んだ葉は葉柄か葉をある程度残した部分でカットしています。

栽培ケースは密閉せず、換気用に5mmほど隙間を開けています。密閉して葉に水が溜まることによる葉の変色を避けるためです。また、水苔を過湿の状態にしないように気をつけています。経験上、水分が少ない方が調子がよさそうだったため、特に株分け後は過湿に注意しているそうです。

鉢の下に敷いているのは猫除け用のマット。鉢底に水が溜まらないように工夫している

花は奇妙な形をしていて面白い。花芽が出たときはリンが含まれる肥料をあげている。葉が赤くなり、下側から枯れていくなどの花前後のダメージが抑えられる

# ジュエルオーキッドのショップリスト

ジュエルオーキッドや組み合わせに向く植物などの材料、
道具を取り扱っている販売店を紹介します。

※情報は2024年12月現在のものです。取り扱い、営業時間、定休日などは変更になる場合があります。

**native forest**
北海道札幌市清田区
北野1条1丁目5-26
TEL 050-3574-1193
11:00-19:00　火曜日定休

**STEMS**
Branches and Leaves(通販サイト)
栃木県足利市堀込町2468-2
金土日の13:00～18:00のみ営業
TEL 050-3590-9863

**プロトリーフ 二子玉川本店**
東京都世田谷区玉川3丁目17－1
玉川髙島屋S・C本館屋上
TEL 03-5716-8787
10:00～20:00

**グリーンギャラリーガーデンズ**
東京都八王子市松木15-3
TEL 042-676-7111
10:00～18:00
火曜日は10:00～17:00
定休日なし　元日のみ休

**プロトリーフ ゆめが丘ソラトス店**
神奈川県横浜市泉区
ゆめが丘31番地
ゆめが丘ソラトス1・1F
TEL 03-5716-8787
10:00～20:00

**hanatsumugi GREEN**
大阪府大阪市東住吉区長居公園1
(長居公園内・植物園正面入口左の建物)
TEL 090-9161-8726
9:00～17:00
年中無休(臨時休業あり)

**ガーデニング倶楽部 花みどり**
徳島県徳島市応神町西貞方鷹の橋7-2
TEL 088-641-6565
12月～1月9:30～17:00、
2月～11月9:30～18:00
定休日1月1日～3日

**苔テラリウム専門ショップ道草**
WEBのみ

**石河 英作**（いしこ・ひでさく）

1977年東京都生まれ。園芸家・テラリウムクリエイター。蘭種苗会社で育種・企画営業などに従事し、新商品のプロモーションなどを担当。2013年、園芸の脇役だったコケを主役にすることを夢見てコケの専門ブランド「道草michikusa」を立ち上げる。「植物を楽しく育てるきっかけ作り」をコンセプトに、苔テラリウムの企画販売や動画サイトで、育てる楽しさ・見る楽しさ・知る楽しさ・作る楽しさを提案している。最近はジュエルオーキッドの魅力にとりつかれ、ランとコケがともに引き立て合うテラリウムのデザインに力を入れている。

https://www.y-michikusa.com/

〈参考文献〉
『江戸奇品解題』（幻冬舎ルネッサンス）
『原色日本のラン』（誠文堂新光社）

| | |
|---|---|
| デザイン・イラスト | 山本 陽（エムティクリエイティブ） |
| 文・写真 | 石河英作 |
| カバー撮影 | 石塚修平（家の光写真部） |
| 撮影 | 石塚修平（P.1、2上、36、61～82、88） |
| 取材協力 | 石﨑バイオ／ The GAKI ／福永哲也／シシゼロ／インテレッセ／_peas.4 |
| 写真協力 | 石野正喜（P.12） |
| 校正 | ケイズオフィス |
| DTP制作 | 天龍社 |

部屋で楽しむ森の宝石
ジュエルオーキッド

2025年1月20日　第1刷発行

著　者　石河英作
発行者　木下春雄
発行所　一般社団法人 家の光協会
〒162-8448
東京都新宿区市谷船河原町11
電話　03-3266-9029（販売）
03-3266-9028（編集）
振替　00150-1-4724
印刷　株式会社東京印書館
製本　家の光製本梱包株式会社


ISBN 978-4-259- 56825-2 C0061